KB251893

빛깔있는 책들 201-11

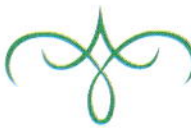

김치

글/이춘자, 김귀영, 박혜원 ● 사진/배병석

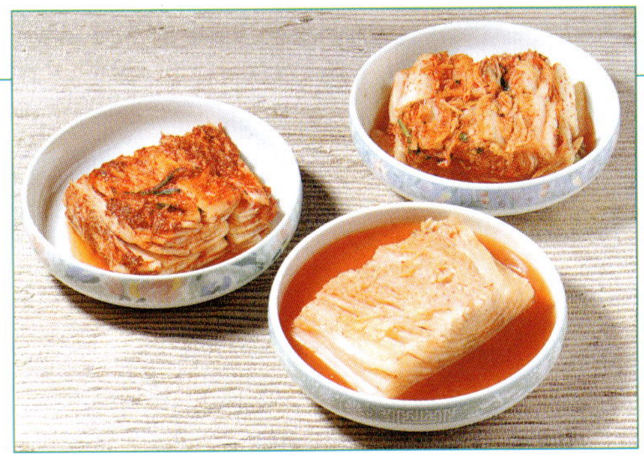

대원사

이춘자 ——————————————————
수원여자대학 식품조리과 겸임 교수.
88올림픽 문화행사 "한국음식문화5천
년전" 준비위원

김귀영 ——————————————————
상주산업대학교 식품영양학과 교수

박혜원 ——————————————————
신흥대학 호텔조리과 교수

배병석 ——————————————————
88올림픽 문화행사 "한국음식문화5천
년전"과 온양민속박물관 유물 촬영 및
도록 발간의 사진작업을 담당하였다.

그릇 협찬 – 우성보 도요(일월요), 행천자기
자료 협찬 – 중앙 종묘 홍보실

김 치

한국인과 김치	7
김치의 어원과 역사	11
김치가 만들어낸 문화	29
특이성 김치와 향토 김치	41
김치의 특성	63
김치 담그기	69
김치를 이용한 음식	129
맺음말	137
찾아보기	141
참고 문헌	142

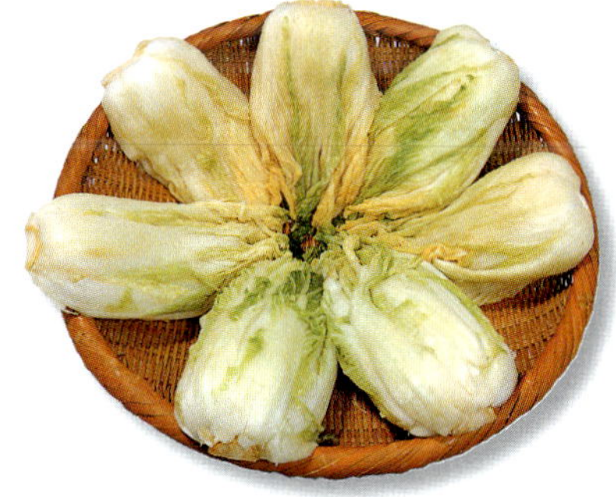

김치

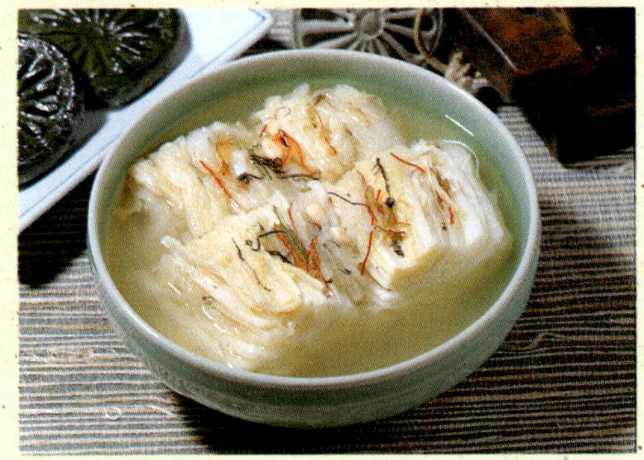

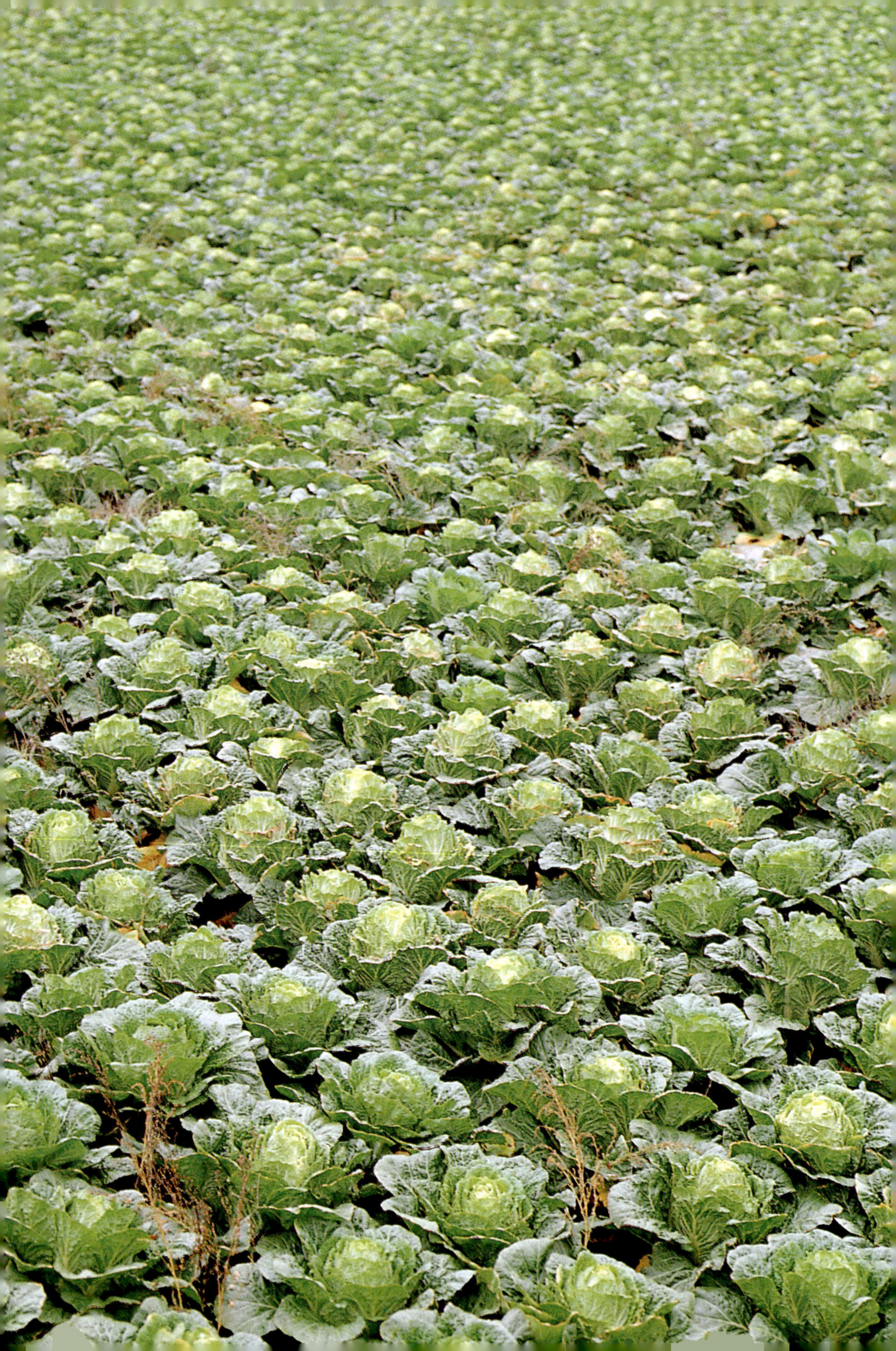

한국인과 김치

무우 배추 캐어 들여 김장을 하오리다. 앞내에 정히 씻어 함담(鹹淡)을 맞게 하소.

고추 마늘 생강 파에 젓국지 장아찌라 독 곁에 중두리요 바탱이 항아리요.

양지에 가가 짓고 짚에 싸 깊이 묻고 박이 무우 알암밤도 얼잔케 간수하소.

이 노래는 조선조 헌종 때 지어진 「농가월령가」 가운데 시월의 노래이다. 이러한 월령체의 노래는 달과 절후에 따른 농가의 일과 풍속을 노래한 것으로 달거리라고도 부른다. 이 달거리 노래는 서민들의 삶을 그 내용으로 하여 그들이 해야 할 일을 상세하게 적어 놓았다. 사람들은 이 노래를 생활의 지침으로 삼아 가장 적절한 때에 마땅히 하여야 할 일을 하면서 일년을 보냈다.

　김치에 관한 내용이 「농가월령가」와 같은 문헌에 기록으로 남은 것에서도 우리 민족의 식생활에 있어서 김치가 차지하는 비중을 짐작해 볼 수 있다. 그러므로 우리의 대표적인 음식인 김치 속에 내재된 민족의 고유한 특성을 통해 민족 정서와 철학을 더듬어 보는 것도 의미가 있을 것이다.

　누군가, 한민족이 조상 대대로 먹고 살아온 음식이 무엇이냐고 묻는

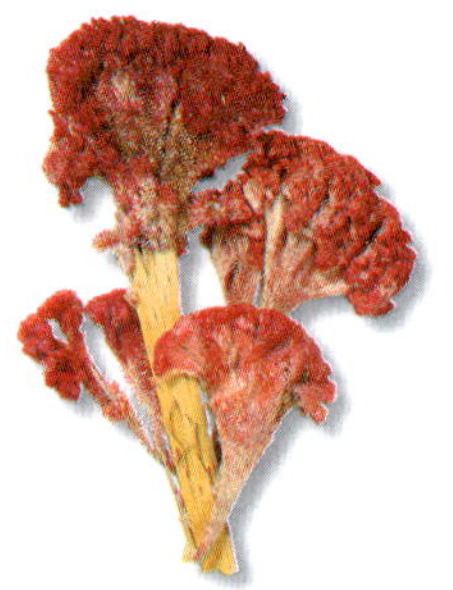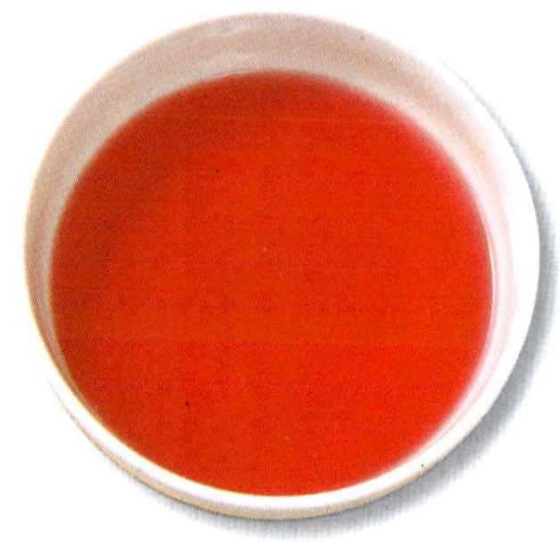

맨드라미꽃과 우려낸 꽃물 고춧가루로 김치를 물들이기 이전에는 자주색 갓이나 장독 가의 맨드라미, 잇꽃의 추출물로 붉게 물들였다.

다면 우리는 당연히 밥과 김치라고 대답할 것이다. 우리가 밥을 먹는다는 말은 곧 김치를 먹는다는 말과 같다. 김치가 없다면 '밥도 못 먹는다'고 이해하여도 큰 무리는 없다. 그만큼 김치는 우리의 식생활에서 중요한 비중을 차지한다.

동양인들의 사고는 자연 친화적이다. 우리도 예외는 아니어서 생활의 모든 면에서 자연과의 친화를 보여 준다. 김치도 그렇다. 고춧가루로 김치를 물들이기 이전에는 자주색 갓이나 장독 가의 맨드라미, 잇꽃[紅花]의 추출물로 붉게 물들였다. 자연을 식생활에 적용하는 독특한 정서를 통해 자연의 아름다움을 맛보는 조상의 슬기로움을 엿볼 수 있다.

또한 김치에는 우리 민족의 뛰어난 색채 감각이 담겨 있다. 배추와 무 등의 담색 채소는 고추의 붉은색을 잘 받아들여 고운 빛깔을 내는 음식이 된다. 일반적으로 '김치' 하면 붉은색의 김치를 떠올리게 되지만 그 밖에 다른 색을 내는 김치도 많다. 흰 쌀밥과 대비되는 붉은 고추양념을 듬뿍한 배추김치와 깍두기가 있는가 하면 여름날의 꽁보리밥과 함께 먹는 초록 열무물김치, 가을날의 그윽함을 돋워 주는 갈색 깻잎김치, 백설기와 함께 먹는 연분홍의 맑은 나박김치 등이 있다. 여러 종류의 김치는 색상의 조화를 통해 시각적인 아름다움도 보여 준다. 더욱 신비한 것은 색상의 조화가 이루어지는 것처럼 맛 역시 깊은 조화를 이루고 있다는 점이다. 김치가 담고 있는 시각과 미각의 완벽한 조화가 놀랍다.

흔히들 우리 민족의 특성으로 끈기를 말하는데 이는 김치를 통해서도 알 수 있다. 김치는 금방 담가 먹기도 하지만 대부분 일정 기간 동안 독에 넣어 숙성시킨 다음에 먹는다. 김치가 독 안에서 서로 어우러져 독특한 맛을 낼 때까지는 함부로 뚜껑을 열어 익는 과정을 방해하지 말고 조용히 기다려야 한다. 일정 기간이 지난 뒤에 김치가 알맞게 익으면 조심스레 뚜껑을 열고 의식을 치르듯 김치를 꺼내 먹는다. 기다렸다가 적당히 숙성시킨 후에야 김치를 꺼내 먹는 이러한 태도는 우리 민족의 끈기를 보여 주는 한 예라 할 것이다.

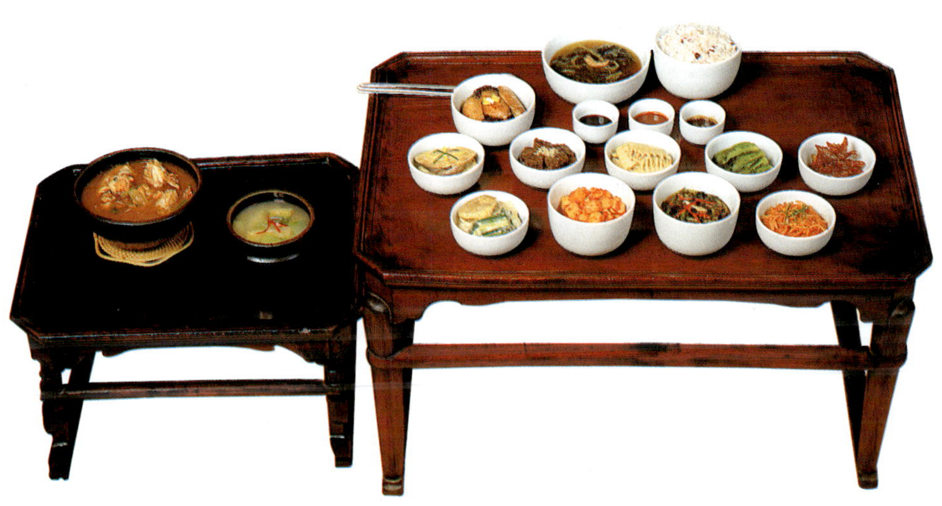

한국인의 밥상 한국인이 밥을 먹는다는 말은 김치를 먹는다는 말과 같다. 김치가 없으면 밥을 못 먹는다고 하여도 무리가 없을 만큼 김치는 우리 식생활에서 중요한 비중을 차지한다.

　때때로 김치는 반찬 이상의 용도로 쓰이기도 한다. 음주 후 목이 마르고 칼칼할 때 시원한 물김치 한 사발로 술기운을 떨쳐 버렸고, 삶의 애환을 겪느라 머리가 아프고 가슴이 답답할 때도 그랬다. 특히 한겨울에 땅속 깊이 묻어 둔 얼음이 둥둥 떠 있는 시원한 동치미 국물을 마시면 마음속의 답답한 응어리가 쑥 내려가기도 하였다. 또 19세기 말경의 문헌을 보면 "솔잎을 썰어서 더운물을 붓고 보통 김치와 같이 담근 '송저(松菹)' 한 그릇만 먹으면 금세 배가 불러진다"고 하여 김치가 기근에 대비하는 구황 식품으로 이용되었음을 알 수 있다.

　그리고 김치는 그대로를 반찬으로 먹기도 하지만 그 밖에도 김치찌개, 김치전, 김치김밥, 김칫국, 김치볶음 등 김치를 사용하여 여러 가지 요리를 하였다. 최근에는 김치 햄버거, 김치 커틀릿, 김치 그라탕 같은 메뉴를 개발하여 서양인들의 입맛에 맞는 요리를 선보이기도 한다.

　이렇듯 김치는 음식으로서의 가치뿐만 아니라 문화적으로도 가치가 높다. 잘 숙성된 김치에서는 우리 음식에 숨겨진 많은 비밀들을 찾아낼 수 있다. 우리는 단순한 음식의 차원을 넘어서 훌륭한 문화 유산이기도 한 '김치'를 전세계에 알리는 것은 물론 우리의 독특한 김치 문화를 계승 발전시켜야 하겠다.

김치의 어원과 역사

　우리나라 고유의 독특한 발효 식품인 김치는 특이한 자연 환경과 조상의 슬기로운 음식 솜씨에서 비롯되었다. 우리 민족은 농경 민족으로서 곡물 위주의 식생활을 영위하면서 채소를 즐겨 먹었다.

　우리나라는 기후가 청명하고 산수가 풍요로워 채소가 연할 뿐 아니라 향미도 뛰어나다. 또 계절 변화가 뚜렷하여 다양한 채소를 즐길 수 있었지만 겨울철에는 채소가 생산되지도 않았고 저장도 어려워 건조 처리나 소금 절임 등 가공에 남다른 슬기가 필요하였다. 이처럼 채소가 나지 않는 겨울철에 저장성을 높이기 위한 방편으로 오랜 시간에 걸쳐 '김치'가 만들어지게 되었다.

　김치의 재료는 한반도에서 재배하는 채소뿐 아니라 자생하는 산나물, 들나물이 모두 이용되었는데, 채소류를 건조시키기는 쉬우나 건조된 상태에서 조리하였을 때 채소 특유의 신선미를 유지하기는 어렵다. 그러나 소금에 절이면 채소가 연해지며 사각사각 씹히는 맛이 있고 오랫동안 저장도 가능해진다. 채소와 어패류를 묽은 농도의 소금에 절이면 자가효소(自家酵素) 작용과 호렴성 세균(好鹽性細菌)의 발효 작용으로 각기 아미노산과 젖산을 생산하는 숙성 현상이 일어난다. 이것이

김치와 젓갈의 저장 원리이다. 소금은 삼투압 작용으로 채소의 수분을
빼앗아 대부분의 미생물 생육을 억제하고 유익한 발효 과정을 하도록
돕는다. 아미노산이나 젖산 발효는 식품을 보존하고 저장하는 효과도
있지만 우수한 맛을 가진 발효 가공 식품을 만들기도 한다.

김치의 기원은 채소의 소금 절임으로 다른 민족도 자연스럽게 이 방
법을 채소의 저장법으로 이용하였다. 이 단순한 절임의 과정이 '담금'
의 발효 과정으로 발전된 것은 식품 가공 역사에서 획기적인 사건이다.
특히 한국의 김치는 채소의 절임과 담금에다 갖가지 향신료와 양념, 고
명과 젓갈을 혼합하고 맨드라미나 고추로 색깔까지 가미하여 세계 어
느 나라에서도 찾아보기 힘든 독자적인 발효 식품으로 발전하였다.

어 원

김치를 의미하는 옛말은 '디히'와 '지'인데 '지'는 지금까지도 김치
의 다른 표현으로 불리고 있다. 상고시대에는 김치를 '저(菹)'라는 한
자어로 표기하였다.

『삼국유사(三國遺事)』에서 김치·젓갈무리인 '저해(菹醢)'가 기록
되어 있으며 또 『고려사(高麗史)』, 『고려사절요(高麗史節要)』에서도
'저'를 찾아볼 수 있다. 이후 '지(漬)', '염지(鹽漬)', '지염(漬鹽)',
'침채(沈菜)', '침저(沈菹)', '침지(沈漬)', '엄채(醃菜)', '함채(鹹菜)'
등이 김치무리로 표기되었다. '저'란 날채소를 소금에 절어 차가운 데
두고 숙성시킨 김치무리를 말하는 것이다. 19세기 초의 저서인 『임원
십육지(林園十六志)』에는 저에 대한 설명과 함께 많은 종류의 김치가
선보이고 있다.

김치란 말은 '침채'라는 한자어에서 비롯되었다. 이 한자어는 한자의

본고장인 중국에는 없는 것으로 보아 우리나라에서 만든 글자인 듯하다. 이 단어는 『훈몽자회(訓蒙字會)』에서 '딤ᄎᆡ 조'라고 하였는데 이 '딤ᄎᆡ'가 '짐ᄎᆡ'에서, '짐치', 다시 '김치'의 여러 단계로 어음 변화가 일어나 김치가 된 것이라고 생각된다. 그러나 '딤ᄎᆡ'보다 더 오랜 고유어로 '디히'가 있다. 『두시언해(杜詩諺解)』 권3에 원문의 '동저(冬菹)'를 '겨ᅀᅮᆳ 디히'라 번역한 데서 이 귀한 말을 확인할 수 있다. 남도 지역 특히 전라도에서는 지금도 김치를 '지'라고 하며 황해도와 함경도, 서울말에도 '오이지', '짠지' 등의 '지'가 있는데 알고 보면 이 '지'는 '디히'가 변한 것으로 이는 김치의 역사가 자못 오래되었음을 말하며 그 생명력이 긴 것을 알 수 있다.

김치 관련 단어의 변천

漬: 디히 ⇨ 지히 ⇨ 지

沈菜: 딤ᄎᆡ ⇨ 짐ᄎᆡ ⇨ 짐치 ⇨ 김치

沈藏: 침장 ⇨ 김장

한편 김장의 어원은 ‘침장(沈藏)’에서 온 것으로 보인다. 이규보의
『동국이상국집(東國李相國集)』의 “장에 절인 순무장아찌는 여름철에
먹기 좋고, 소금에 절인 순무는 겨우내 찬으로 쓰인다”라는 구절에서
초기 김장의 풍습을 엿볼 수 있다. 또한 『삼봉집(三峰集)』권7에서는
고려시대에 채소 가공품을 다스리는 ‘요물고(料物庫)’가 있었다고 기
록되어 있으며 『조선왕조실록(朝鮮王朝實錄)』태종조 9년(1409)의 기
록에도 ‘침장고(沈藏庫)’를 두었다고 하였다. 이런 문헌 기록을 볼 때
김장을 보관하던 곳이 따로 있었으며 김장이 ‘침장’에서 비롯되었음을
짐작할 수 있다.

시대별 변천

우리 민족이 언제부터 어떤 김치무리를 담가 왔는지 정확히 알 수 없
다. 그러나 우리나라와 밀접한 관계가 있어 왔던 중국과 일본의 기록을
참고하여 김치의 유래를 살펴보면 그 시대의 김치무리에 대한 모습을
대강 알 수 있다.

중국의 『시경(詩經)』에 “밭 속에 작은 원두막이 있고 외가 열려 있
다. 이것으로 정성껏 ‘저(菹)’를 담가 조상께 바치면 수(壽)를 누리고
하늘의 복을 받는다”라는 구절이 있는데 여기의 ‘저’가 최초로 기록된
김치무리로 보인다. 그 후 진나라 때 편찬된 『여씨춘추(呂氏春秋)』에는
“주 문왕이 저를 즐겼다는 말을 듣고 공자가 콧등을 찌푸려가며 ‘저’를
먹어 3년 후에야 비로소 그 맛을 즐겼다”라고 하였고 『설문해자(說問解
子)』의 “저(菹)는 신맛의 채소이고, 저(菹)는 초에 절인 오이”라고 한
구절에서도 김치무리를 볼 수 있다. 또한 『주례(周禮)』에는 ‘칠저(七
菹)’가 나오는데 이것은 부추, 순무, 순채, 아욱, 미나리, 태(죽순의

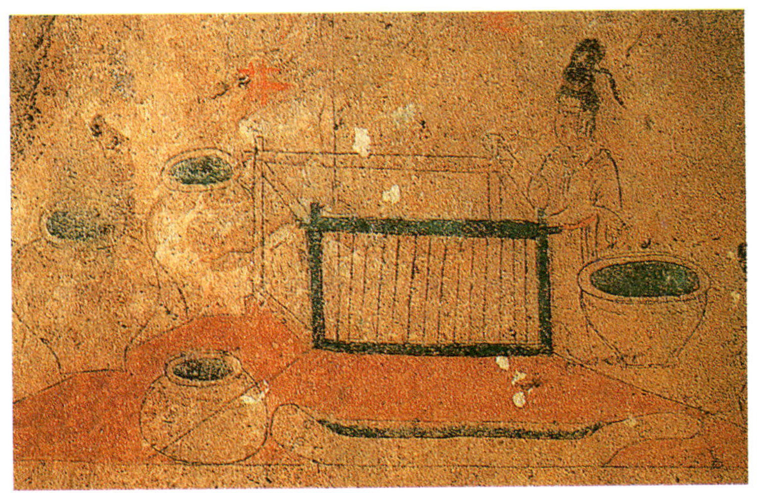

물 긷는 아낙 평안도 일대에서 많이 볼 수 있는 용두레 우물에서 물을 긷는 고구려의 여인을 표현하였는데 우물 주변에 여러 개의 큰 독이 보인다. 황해도 안악 3호분.

일종)와 죽순 등으로 담근 김치무리로 보인다.

그러나 이러한 문헌으로는 구체적인 조리법까지도 알 수 없다. 후위(後魏) 말엽(439~535년)에 편찬된 『제민요술(齊民要術)』에는 젖산 발효를 이용한 김치무리 12종과 초절임 김치무리 16종이 비교적 자세히 기록되어 있어 조리법을 추정하는 귀한 자료가 되고 있다. 이 『제민요술』이 편찬된 때가 우리나라의 삼국시대이므로 우리나라에도 비슷한 김치무리가 있었을 것으로 추정된다.

또한 일본의 문헌을 통해서도 우리의 김치무리를 추정해 볼 수 있다. 기원전 2, 3세기경에 일본 규슈 북부로 건너간 한반도인들은 벼농사를 보급하고 앞선 문화를 전하여 일본의 야요이(彌生) 문화를 꽃피웠고 이로 인해 한일간에 한문, 불교 등 문화 전반에 걸친 전수가 이루어졌다. 그러므로 일본의 「정창원문서(正倉園文書)」에 나오는 채소 발효 식

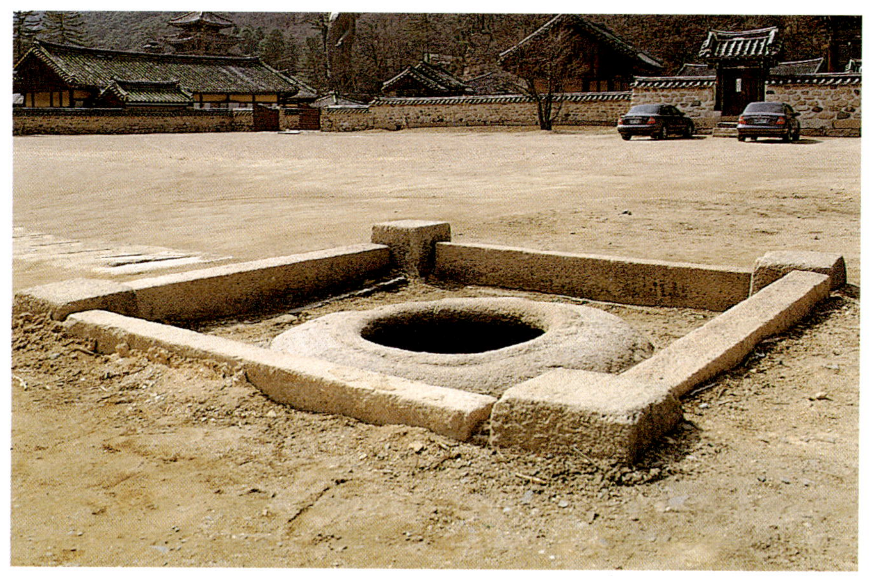

속리산 법주사의 돌항아리　사찰에서 대형 토기를 묻어 두고 겨우살이에 대비한 김장독과 같은 용도로 사용하였다. 법주사 경내에 있는 큰 돌항아리에서 김장의 기원을 찾아볼 수 있겠다.

품은 우리의 그것이라고 할 수 있다. 특히 일본에 술 빚기와 기타 발효 전수 기술을 처음 전해 준 백제 사람 인번(仁番)에 의해 만들어진 수수보리지(須須保理漬)는 지금도 일본인들이 즐기고 있다. 「정창원문서」에 나오는 김치무리는 소금에 절인 것, 장에 절인 것, 곡물 죽에 절인 것, 술지게미(糟)에 절인 것, 식초(酢)에 절인 것, 감지(甘漬) 등이 있어 그 당시의 우리나라 김치무리를 추측할 수 있게 한다.

삼국시대 전후의 김치무리

우리 민족이 고대부터 채소를 즐겨 식용하였고 소금을 만들어 사용하였다는 사실, 젓갈과 장 등의 발효 식품이 만들어진 시기 등을 고려할 때 삼국시대 이전부터 김치무리가 제조된 것으로 보인다.

  우리나라의 김치무리에 관한 최초의 기록은 중국의 『삼국지(三國志)』「위지(魏志)」 '동이전(東夷傳)' 고구려조이다. "고구려인은 술 빚기, 장 담기, 젓갈 등의 발효 음식을 매우 잘한다"는 기록은 이 시기에 이미 저장 발효 식품이 생활화되었다는 사실을 입증하고 있다. 또 『삼국사기(三國史記)』에 의하면 신문왕이 683년에 왕비를 맞이하면서 내린 폐백 품목 가운데 간장, 된장, 젓갈무리가 들어 있어 발효 식품이 상용되고 있었음을 보여 준다. 『삼국유사』에도 소금에 절인 김치와 젓갈이 나오지만 양념이 가미된 담금 형태의 김치는 아직 찾아볼 수 없다.

  이 시기에 산출된 채소인 순무, 외, 가지, 박, 부추, 고비, 죽순, 더덕, 도라지, 고비 등으로 소금에만 절인 것이 주된 김치무리였을 것이

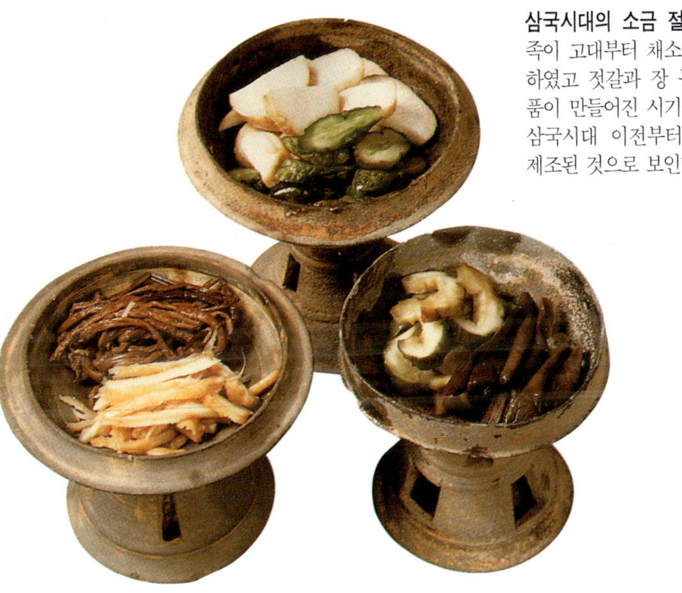

삼국시대의 소금 절임 우리 민족이 고대부터 채소를 즐겨 사용하였고 젓갈과 장 등의 발효 식품이 만들어진 시기를 고려할 때 삼국시대 이전부터 김치무리가 제조된 것으로 보인다.

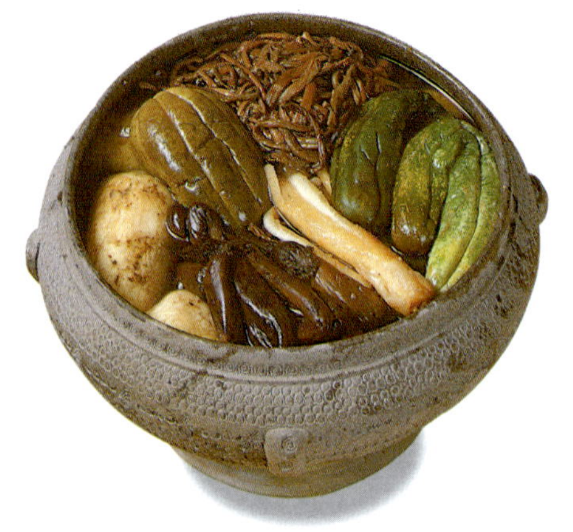

삼국시대의 김치무리 채소를 소금
에만 절인 김치무리를 비롯하여
장, 초, 술지게미, 곡물 죽에 순무,
외, 가지, 박, 부추, 죽순, 도라지,
더덕, 고비 같은 것을 절였다고 짐
작된다. 위는 소금 절임, 아래는
소금과 곡물 죽 절임.

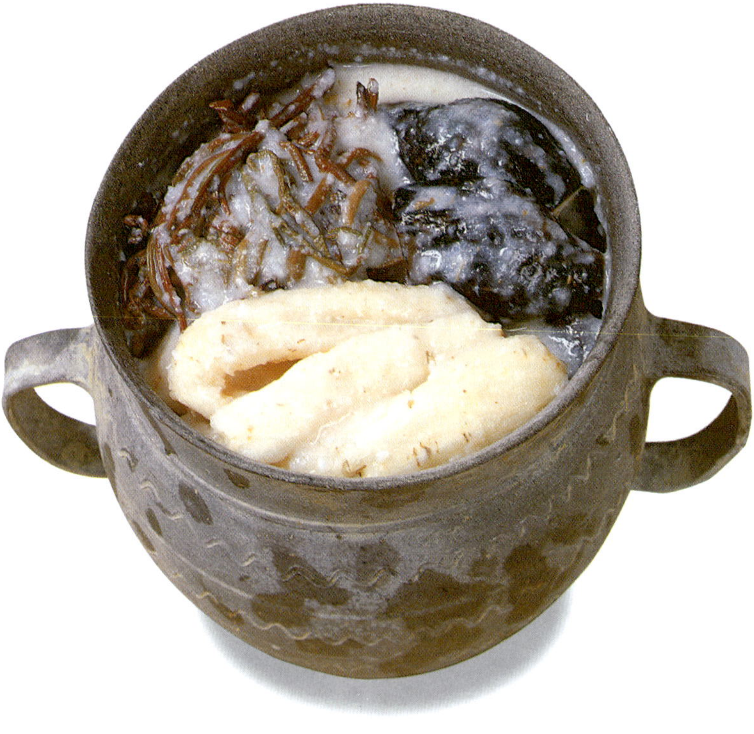

다. 그 밖에 이들 채소를 장에 절인 형태, 초에 절인 형태, 술지게미에 절인 형태, 소금과 곡물 죽에 절인 형태 등이 있었다고 추측된다. 이런 절임법은 오늘날의 장아찌형으로 우리나라는 풍부한 해산물과 양질의 채소를 훌륭한 발효 기술로 만든 장아찌형 김치무리가 있는가 하면 생선, 곡물, 채소, 소금으로 이루어진 오늘날의 가자미식해, 북어식해 같은 식해형 김치무리가 존재하였음을 추정할 수 있다.

한편 백제 문화로서 서기 600년경에 창건된 익산 미륵사지에서 출토된 토기 중에는 100센티미터 이상 되는 대형 토기들이 있다. 이것들은 대체로 승려들이 생활하였던 곳에서 출토되었는데 크기가 크고 형태가 비교적 완전하게 남아 있었던 것으로 보아 의도적으로 땅을 파고 묻어 사용하였을 가능성이 크다. 따라서 이 대형 토기는 겨우살이에 대비한 김장독과 같은 용도로 사용되었으리라 추정되며 삼국시대 김치의 흔적을 찾아볼 수 있는 유일한 유적이 되고 있다.

이외에도 신라시대 성덕왕 19년(720)에 세워져 오늘날까지 보존되고 있는 법주사 경내에 있는 큰 돌로 만든 독(石瓮)은 김칫독으로 사용되었다는 설이 있으며 김치무리를 만들어 저장한 것으로 생각하면 김장의 기원으로도 볼 수 있을 것이다.

고려시대의 김치무리

고려 초기는 사회 전반에 숭불 풍조가 만연하여 육식을 절제하고 채식을 선호하였다. 전시대의 김치 형태에서 순무, 무, 가지, 오이, 부추, 미나리, 고비, 아욱, 박, 고사리, 도라지, 토란, 대산(大蒜, 마늘), 죽순, 형개(荊芥), 동과(冬瓜, 동아), 산갓, 황과, 상추, 파, 생강 등으로 재배 채소의 종류가 더욱 많아지고 나박지형의 김치가 선보인 것이 특징이다.

김치에 있어 절임 형태의 김치무리와 함께 새롭게 개발된 국물 있는

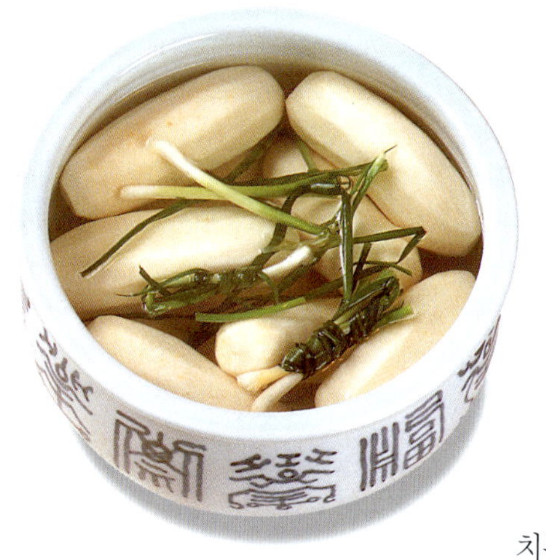

동치미 김치에 있어 절임 형태의 김치무리와 함께 새롭게 개발된 국물 있는 김치무리 곧 동치미류가 등장하여 분화된 형태를 보여 준다.

김치무리 곧 동치미류가 등장하여 분화된 형태를 보여 준다. 이 시기에도 단순 절임형 김치무리에 마늘 등의 양념과 천초, 파, 귤피(橘皮) 등의 향신료가 가미되는 양념형 김치무리가 등장하게 된다.

『동국이상국집』의 「가포육영(家圃六泳)」에는 "무청을 장 속에 박아 넣어 여름철에 먹고 소금에 절여 겨울철에 대비한다"라고 기록되어 있는데 이것은 장아찌와 김치가 분리된 것을 나타낸다. 또한 겨울을 대비한다는 것으로 보아 김장의 풍습이 이미 시작되었음을 보여 준다고 할 수 있다. 이때의 소금에 절인 김치류는 오늘날의 짠 무를 물에 희석하여 먹는 나박지, 동치미 등의 침채류를 생각할 수 있다.

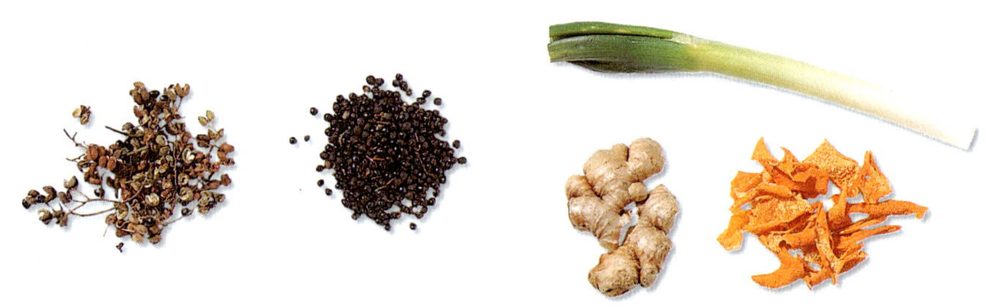

고려시대의 양념류 단순 절임형 김치무리에 마늘 등의 양념과 천초, 파, 귤피 등의 향신료가 가미되는 양념형 김치무리가 이 시대에 등장하게 된다.

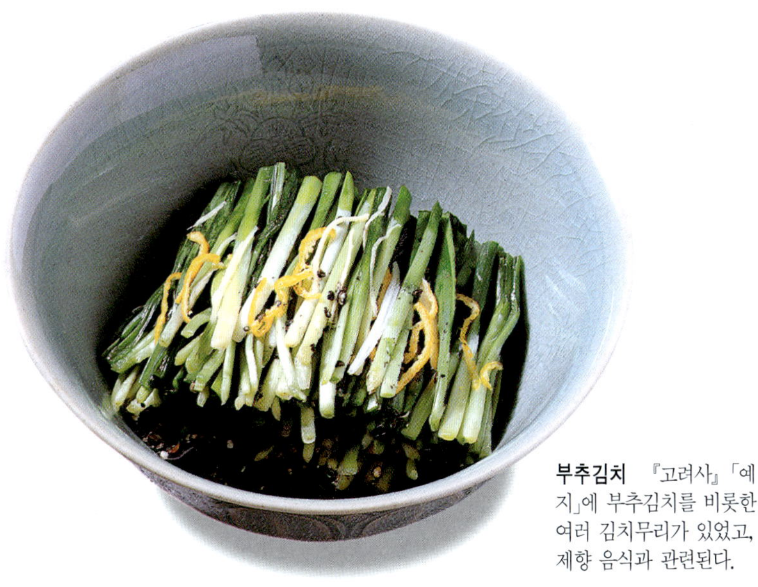

부추김치 『고려사』「예
지」에 부추김치를 비롯한
여러 김치무리가 있었고,
제향 음식과 관련된다.

고려 말 이달충(李達衷)이 지은 「산촌잡영(山村雜詠)」이라는 시에는 "여뀌풀에 마름[萍]을 넣어 소금 절임[鹽漬]을 하였다"는 구절이 있어 김치무리에 야생초를 이용하여 제철 김치의 맛을 즐겼음을 보여 주기도 한다. 또 『목은집(牧隱集)』에 나오는 이색의 시구에 '침채(沈菜)', '산개염채(山芥鹽菜, 산갓김치)', '장과(醬瓜, 된장에 담근 오이장아찌)' 등이 나온다. 여기에서 김치란 우리말의 직접적인 한자 표기인 '沈菜'가 선보이고 있으며 장아찌가 문헌상으로 처음 소개되고 있다. 한편 『고려사』「예지(禮志)」에 '근저(芹菹, 미나리김치)', '구저(韭菹, 부추김치)', '청저(菁菹, 나박김치)', '순저(荀菹, 죽순김치)' 등의 김치무리가 있었다. 이러한 제향 음식(祭享飮食)과 관련되는 김치류 외에도 더 많은 종류가 있었을 것이다.

고려 사회에서의 김치는 앞서 밝힌 채소류가 주원료로 쓰인 단순 절임형 김치무리가 일반적이었을 것이며 그 밖에 장아찌형, 나박지형 김치와 양념이 가미된 김치무리가 있었을 것으로 보여진다. 그러나 김치의 원료에 있어 배추가 주재료로 된 통배추김치의 흔적은 찾아볼 수가 있다. 『향약구급방(鄕藥救急方)』에 쓰여진 숭채(菘菜, 배추)는 약용으로 사용되었고 김치로 이용된 문헌상의 기록이 뒷받침되지 않기 때문에 배추김치의 보편화는 이루어지지 않은 것으로 생각할 수 있다.

조선 초기의 김치

조선시대는 초기 문예 진흥책과 더불어 농업, 인쇄술, 천문학 등의

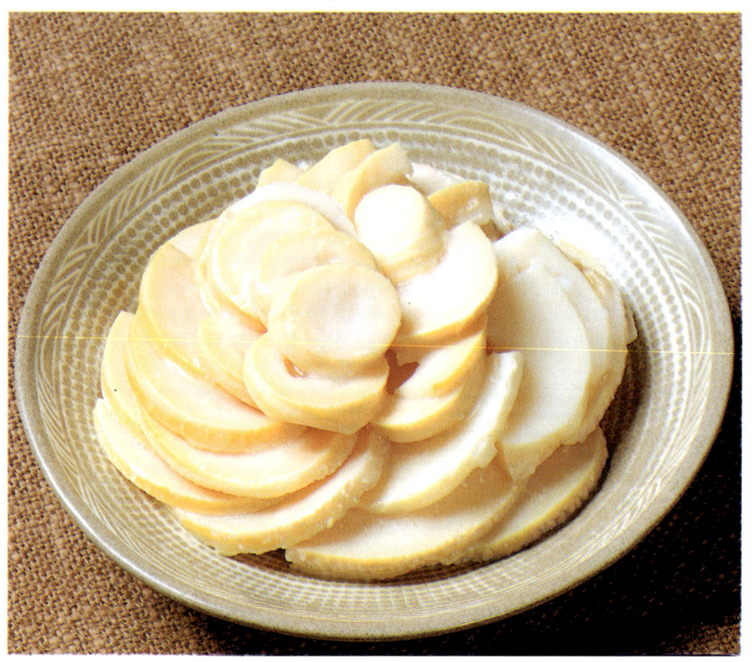

죽순해 조선 초기에는 외국에서 여러 가지 채소가 유입되어 김치 재료가 다양해졌다. 이때 각 지역 산물에 따라 주재료가 다른 김치가 나타나게 되었다.

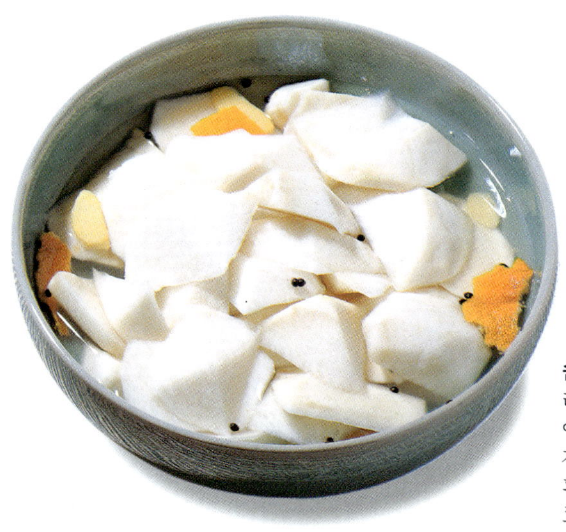

순무지 조선 초기의 조리 방법을 기록한 문헌에는 순무, 무, 오이, 가지, 동아, 산갓, 죽순, 파 등이 김치의 주재료로 쓰이고 있다.

산업이 급격히 발달하였다. 따라서 채소류의 재배도 더욱 풍성해지면서 김치류의 제조도 활발해졌고 인쇄술의 발달에 따른 농서(農書)의 폭넓은 보급에 힘입어 채소 재배 기술이 향상되었다. 또 외국에서 여러 가지 채소가 유입되어 김치 재료가 다양해졌고 이에 따라 여러 형태의 담금법도 개발되었다. 그러나 이때까지도 조리 방법을 기록한 여러 문헌에는 순무, 무, 오이, 가지, 동아, 산갓, 죽순, 파 등이 김치의 주재료로 사용되었다. 김치는 각 지역 산물에 따라 다르게 변화하였기 때문에 향토성을 나타내기도 한다. 한편 꿩(생치, 生稚)이 김치의 재료로 이용되는 등 채소에 육류가 가미된 형태를 보여 주기도 한다.

김치는 단순 절임의 장아찌형과 싱건지 형태의 김치가 있으며 나박지형, 동치미형 물김치까지 등장하고 있다. 김치의 국물색을 낼 때는 맨드라미나 잇꽃, 연지(臙脂) 등으로 붉은색을 내기도 하였다. 또 김치에 양념 사용이 많아져 주재료와 부재료의 구분이 뚜렷해진다.

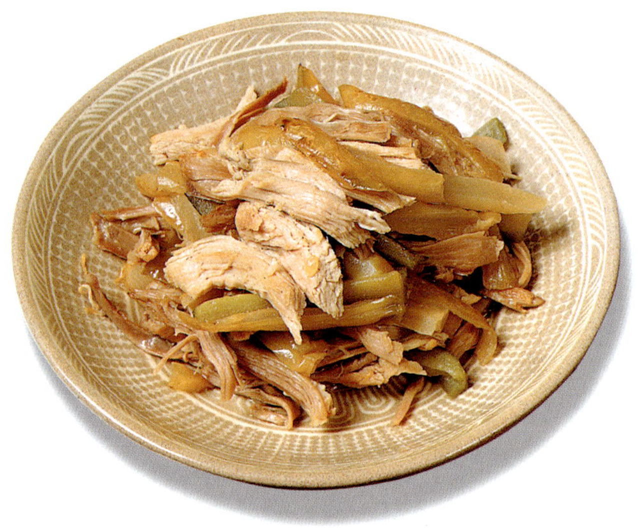

꿩김치 조선 초기에는 꿩이 김치의 재료로 이용되는 등 채소에 육류가 가미된 형태를 보여 주기도 한다. 1670년경에 발간된 『음식디미방』에 꿩김치가 소개되고 있다.

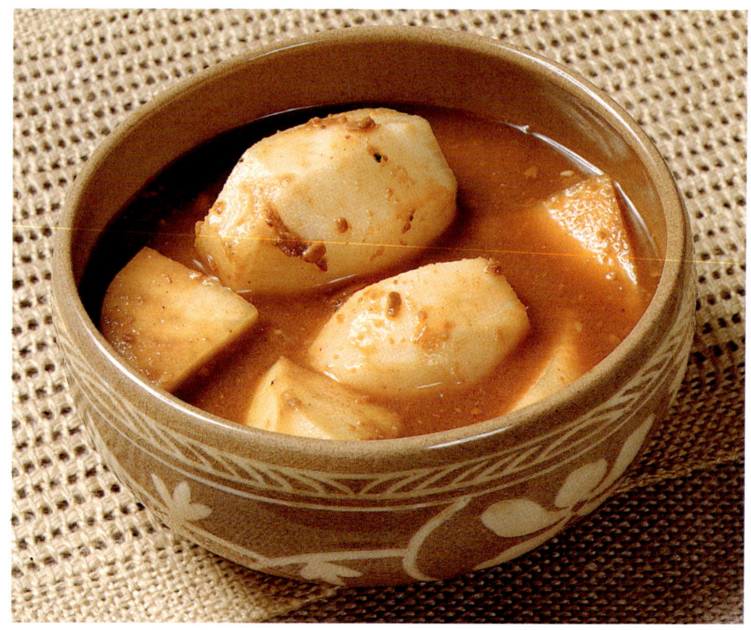

무짠지 땅속에 묻은 독에 꼭꼭 눌러 담아 보관하면서 숙성시키는 발효 김치의 모습을 온전히 보여 주고 있어 김치의 역사적인 발자취를 찾아볼 수 있는 중요한 자료이다.

조선 중기 이후의 김치

조선조 중기 이후에는 상업의 발달에 따라 상품 작물의 재배도 활발해졌다. 각종 전래 채소와 과수를 재배하였고 원에 작물과 약초가 널리 보급되었고 이것들이 김치의 주재료, 부재료로 이용되었다.

조선시대의 대표적인 전래 식품으로는 호박, 고추, 옥수수, 고구마, 동아, 사과, 수박 등인데 그 중 17세기 초에 유입된 고추는 우리 식생활에 큰 변화를 주었다. 고추가 김치 양념의 하나로 자리잡기 시작하면서 이전의 담백한 맛의 김치무리가 조화미(調和味)로 바뀌게 되었고 주재료와 양념 재료의 종류가 늘어나게 되었다. 고추는 『지봉유설(芝峰類說)』(1613년경)에 그 기록이 보이나 김치에 이용되었다는 문헌 기록은 『산림경제(山林經濟)』(1715년경)에 처음 보이기 시작한다. 특히 김치에 고추가 들어가면서 젓갈이 다양하게 쓰이게 되었다. 식물성 재료에 동물성 재료를 첨가하여 맛과 영양의 조화를 이루게 되었으며 이는 김치의 감칠맛을 더욱 향상시켰다.

김치의 주재료도 배추와 무가 많이 사용되기 시작한다. 특히 김치의 대명사인 통김치는 배추의 품종 개량이 이루어져 반결구형, 결구형 배추가 등장하기 시작한 19세기부터 대표적인 김치가 되었다. 김치 담그는 법도 장아찌형, 물김치형, 소박이형, 섞박지형, 식해형 김치 등으로 다양하게 발달하였고 제조 방법도 퇴렴(退鹽)하여 김치를 담는 2단계 담금법으로 발전하였다.

대략 고려시대의 절임형 김치에 이용되었을 것으로 추정하였던 단순한 양념을 이 시기부터는 본격적으로 사용하기 시작하였고 양념 김치는 점차적으로 보편화되어 갔다. 『음식디미방〔閨壺是議方〕』(1670년경)은 마늘김치에 천초가 양념으로 사용되었고 또 육류인 꿩을 오이와 함께 담근 생치김치가 기록되어 있다.

1766년경에 발간된 『증보산림경제(增補山林經濟)』에는 무려 41종의

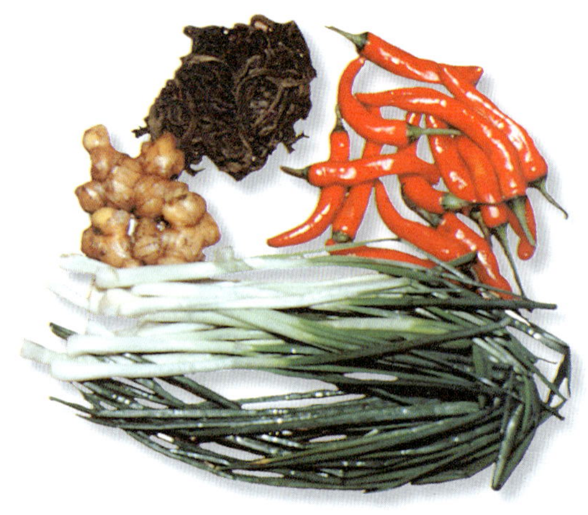

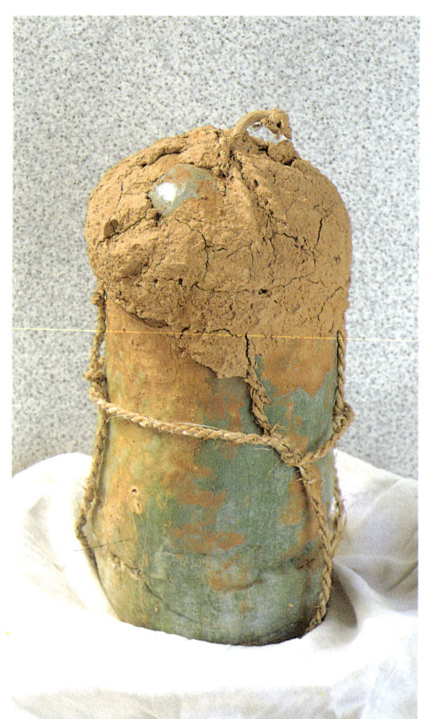

동아섞박지 조기젓국에 청각, 생강, 파, 고추의 양념을 넣고 숙성시켜 만든 김치이다. 요즘은 동아가 극히 일부 지방에서만 재배되고 있으나 조선조 말까지는 김치 주재료로 쓰였다. 동아의 모양은 무등산 수박과 비슷하고 박 맛이 난다.

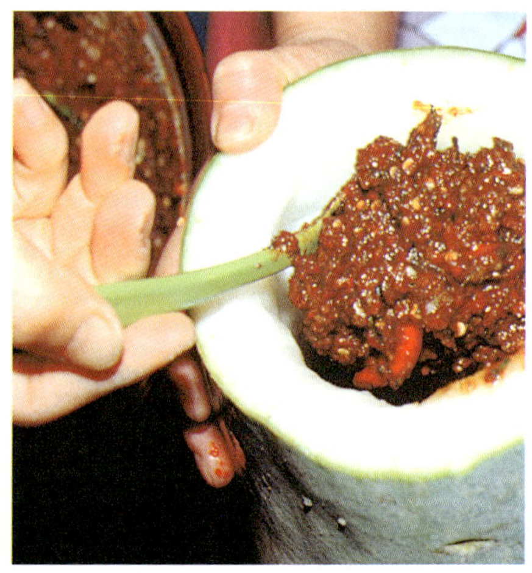

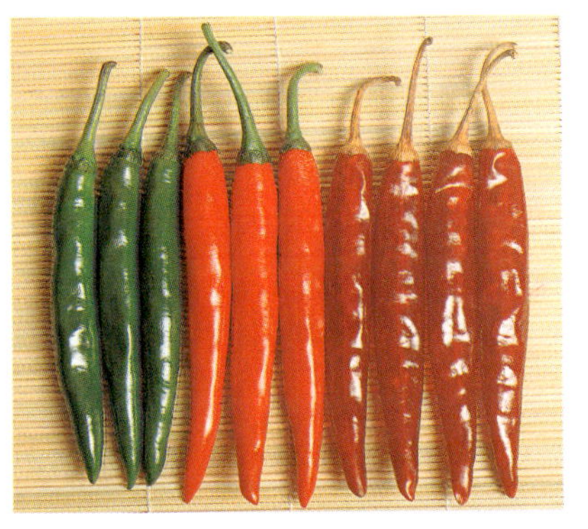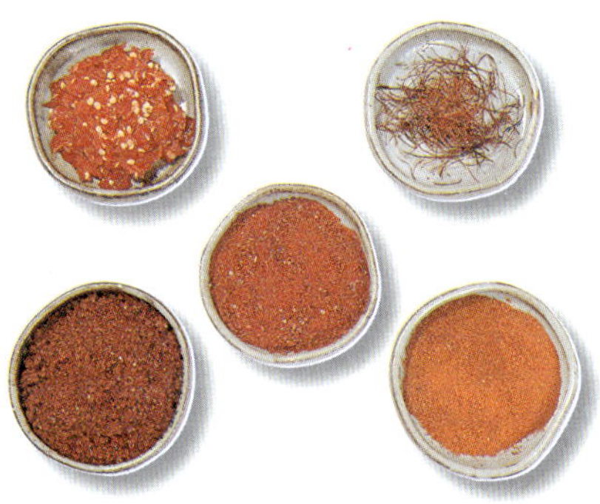

김치의 주요한 양념이 된 고추 17세기 초에 고추가 전래되면서 김치에 젓갈을 사용하게 되었다. 이때 이미 고추가 재료를 신선하게 해주며 발효에 많은 영향을 끼친다는 사실을 터득한 것으로 추정할 수 있다.

김치무리가 다양한 형태로 수록되어 있어 대단히 귀중한 문헌 자료라고 할 수 있다. 이 책에는 오늘날 김치의 대명사인 배추김치가 '숭침저'라는 이름으로 등장하며, 이 배추김치는 생선과 고기가 곁들여진 것이 특이하다. 또 무의 뿌리와 잎이 한데 붙은 채로 담근 오늘날의 총각김치의 원형이 선보이며 가지, 오이의 세 면에 칼집을 내서 고춧가루와 마늘을 양념으로 하여 소를 채운 소박이형 김치, 배추를 무와 한데 섞어 담근 섞박지, 동치미 등이 문헌상 처음 소개되고 있다.

놀랍게도 배추나 무 등을 익혀서 김치를 담가 치아가 좋지 않은 노인도 쉽게 먹을 수 있도록 한 숙(熟)김치도 있다. 그 밖에 채소에 곡물과 생선, 소금으로 숙성시켜 만든 식해형 김치, 새우젓을 사용한 젓갈김치, 초절이김치, 짠지 등 다양한 형태의 김치무리가 수록되어 있다. 그러나 무엇보다 문헌상 고춧가루가 김치에 이용되었다는 사실이 매우 특이하며, 김치를 땅속에 묻은 독 속에 꼭꼭 눌러 담아 보관하면서 숙성시킨 발효 김치의 모습을 온전히 보여 주고 있어 김치의 역사적인 발자취를 찾아볼 수 있는 중요한 자료이다.

조선시대 최초의 가정백과서로 볼 수 있는 『규합총서(閨閤叢書)』에 소개되는 섞박지형 김치는 주재료와 부재료, 양념이 구분되어 많은 젓갈과 함께 다양한 재료로 제조되고 있다. 특히 무와 배추를 짜지 않게 절였다가 김치를 담그는 모습이 이제까지의 생채 절임과는 다른 양상을 보이고 있다. 부재료로 낙지, 전복, 소라 등의 해산물과 함께 조기젓, 굴젓, 준치젓, 밴댕이젓 등의 젓국으로 간을 맞추며 한 가지 김치를 담그는 데에도 두세 가지 젓갈이 들어가는 것이 특징이다. 오이의 변색을 방지하기 위해 녹슨 엽전이나 놋그릇 닦는 수세미를 이용한 새로운 김치 담금법이 나타나고 있다.

1827년경에 발간된 『임원십육지』에도 많은 종류의 김치가 수록되어 있는데 그중 특이한 것은 고추의 사용을 적극적으로 권장한 것이다. 고추가 채소를 신선하게 해주며 발효에 많은 영향을 끼친다는 사실을 이미 터득한 것이라고 추정할 수 있다. 오늘날과 같은 통배추김치의 원형은 1800년경에 쓰여진 「시의전서(是議全書)」에서 찾아볼 수 있고 장김치는 『동국세시기(東國歲時記)』(1849년)에 소개되어 있다.

이러한 발달 과정에서 상고시대의 절임형 김치는 조선조 중기 이후 한국인의 일상 찬 종류의 하나인 장아찌로 독립되어 밑반찬으로 이용되고 있다.

김치는 우리 고유의 전통 음식 가운데서도 다른 음식과 비교할 수 없을 만큼 우리 생활과 밀착되어 있다. 고대로부터 뛰어난 발효 기술을 지녔던 우리 조상들은 많은 종류의 김치를 담가 왔고 김치류를 활용하여 다른 음식으로도 적절하게 개발하여 계승하고 있다. 오늘날에는 외래 식품인 패스트푸드에까지 김치를 가미하여 우리 한국인뿐만 아니라 세계인의 입맛에 맞는 음식으로 개발하고 있다.

김치가 만들어낸 문화

김 장

　김장은 겨우내 먹기 위해 한꺼번에 김치를 많이 담그는 행사이다. 「농가월령가」 시월의 노래에서 알 수 있듯이 김장김치는 늦가을에서 엄동을 지나 이듬해 봄에 햇채소가 나올 때까지 먹을 수 있도록 담근다. 『동국세시기』 「10월 월내(月內)조」에 보면 "여름의 장 담기와 겨울의 김장은 민가의 중요한 일년 계획이다"라고 하여 김장과 장 담그기를 한국인의 일년 식생활 가운데 가장 중요한 연중 행사로 여겼다.

　김장을 담그는 시기와 방법은 지방의 기후와 풍습에 따라 다르지만 대개는 입동(立冬)부터 소설(小雪)에 걸쳐 실시된다. 그러나 한반도는 기온차가 심하여 김장철은 한 달 정도로 차이가 나기도 한다.

　김장의 특징은 지역에 따라 다른데 기후나 풍습에 따라 형성되어 온 식습관이 다르기 때문이다. 추운 북쪽 지방은 양념을 적게 하고 국물을 넉넉하게 하여 삼삼하고 시원하며 톡 쏘는 탄산수 맛을 내는 것이 특징이다. 반면에 남쪽 지방은 날씨가 따뜻하기 때문에 싱거우면 일찍 신다. 그래서 간을 세게 하고 양념과 젓국을 많이 써서 농후한 맛을 내며

방부 효과도 노리는데 이것이 북쪽 김치와 구별되는 점이다.

김장 김치는 용도에 따라 여러 가지 방법으로 담그지만 시기적으로는 겨울이 지나 햇채소가 나올 때까지 먹는 것이 일반적이다. 그러나 여름까지 먹는 김치도 있는데 배추와 무를 아무 양념도 하지 않고 소금에만 절여 겨우내 음지의 땅속에 묻어 놓았다가 3월경부터 먹기 시작한다. 이 짠지형 김치는 양념이 들어가지 않아 담백하지만 매우 짜서 어느 정도 퇴렴시킨 다음 김치, 김치전, 만두소 등으로 응용된다. 또 흰색이기 때문에 다른 반찬과 색이 잘 어울린다. 이 김치는 고춧가루가 나오기 이전의 절임 김치의 원형으로 오늘날까지 이어져 내려온다.

김장의 재료는 배추와 무 이외에도 각종 젓갈, 신선한 생선, 채소 등이 있다. 이 가운데 어느 것 하나라도 들어가지 않으면 김치의 독특한 맛을 잃게 되므로 재료 선정에 신중을 기한다. 엄격하게 선정된 재료들이 발효, 숙성되어야 맛있는 김치가 되기 때문이다.

김장을 할 무렵이면 추위가 시작되는데 옛날에는 아무리 추워도 실내에서 김장을 하는 법이 없었다. 김치의 맛을 제대로 내기 위해서는

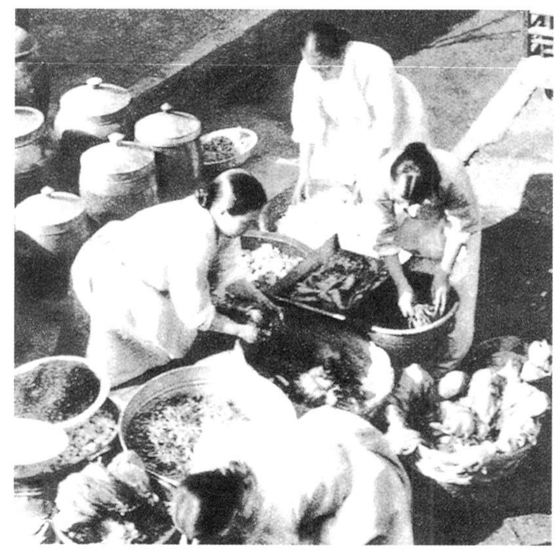

김장 여름의 장 담기와 겨울의 김장은 민가의 중요한 일년 계획이라고 하여 김장과 장 담그기를 한국인의 일년 식생활 가운데 가장 중요한 연중 행사로 여겼다.

재료 선정부터 저장까지의 모든 면에 세심한 주의를 기울여야 한다. 특히 김장을 할 때는 처음부터 끝까지 일정한 온도가 유지되어야 하는데 따뜻한 실내에서 김치를 담그면 갑작스런 온도 변화 때문에 제 맛을 내기가 어렵기 때문이다. 그리고 김장 배추를 절일 때 먼저 담근 집에서 쓰고 난 소금물을 얻어다가 온 동네가 돌려가면서 거듭거듭 사용하였다. 이 방법을 통하여 선조들은 이웃간의 정을 두텁게 하였을 뿐 아니라 소금을 절약하기도 하였다. 또 다른 이점은 이미 배추가 절여진 소금물에는 배추의 수용성 영양 성분이 남아 있기 때문에 김장 김치의 감칠맛을 한결 돋우었다.

맛의 비밀 – 김치의 보관

김치는 채소를 오래 저장하기 위한 수단이 될 뿐만 아니라 저장하는 동안 유기산과 향미 성분을 생성하는 미생물의 작용으로 독특한 맛을 내는 발효 식품이기도 하다. 우리나라는 계절의 변화가 뚜렷하여 과학 기술이 발달하기 이전의 김치 보관에는 많은 어려움이 있었다. 젖산균이 더디 발효하는 겨울은 자칫하면 얼어 버리기 쉽고 여름이면 극심한 더위로 한나절만 지나도 쉽게 신다.

이에 우리 조상들은 일정한 온도 유지가 김치를 오래 보관할 수 있는 좋은 방법임을 터득하고 여름에는 우물이나 개울에 김치 항아리를 담그는 것으로, 겨울이면 땅속에 묻어 지열을 이용하는 등의 방법으로 김치를 보관하였다. 특히 김장 김치는 얼거나 시지 않게 보관하는 것이 중요하여 항아리를 짚으로 싸 깊이 묻어 일정한 온도를 유지하였다. 또 김치의 산패를 막기 위하여 김치 항아리에 김치를 단단히 눌러 넣고 위에는 우거지를 얹어 공기와의 직접적인 접촉을 막는다. 그리고 우거지

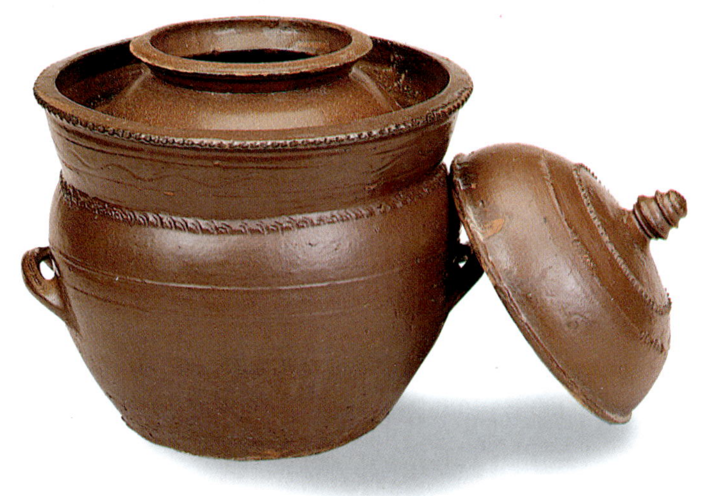

전 달린 이중 항아리　여름철 흐르는 물을 이용하여 온도를 일정하게 유지한다. 항아리 속의 김치가 빨리 익는 것을 방지하도록 고안된 것이다.

아래의 김치 국물이 우거지 위쪽까지 올라오지 않도록 주의를 기울였다. 김치를 항아리에 담기 전 고춧대, 고추씨, 닥종이를 태워 그 연기로 독이나 항아리를 소독하여 미생물의 번식을 예방하기도 하였다.

　김치의 종류나 먹는 시기 등에 따라 담는 옹기도 달라져 독, 중두리, 바탱이, 항아리 등을 적절히 선택하여 김치 보관에 최선을 다하였다. 항아리도 정성을 다하여 만든 것이라야 김치가 제 맛을 낸다며 구워진 시기까지 따져서 사용하였다. 또 우수, 경칩이 지나 땅이 풀린 직후의 흙으로 빚어서 이른봄에 제일 먼저 구운 독이라야 잡내가 나지 않고 단단하여 김치 맛을 오랫동안 유지할 수 있다고 한다.

　이처럼 옹기라는 우수한 저장 기구가 일찍부터 발달하였기에 우리나라가 세계적인 발효 식품의 종주국이 될 수 있었다. 한국의 기본 발효 음식들인 김치, 된장, 간장, 고추장, 젓갈, 식초, 술 등은 독이라 부르는 큰 옹기와 단지라 부르는 조그만 옹기에 담겨 숙성 저장되었기 때문이다. 이렇게 잘 보관하여 맛이 익은 것들은 음식의 간을 맞추는 조미료의 역할과 단백질과 비타민, 무기질을 공급하는 주요 영양 식품의 역할을 하였다. 특히 독이나 항아리는 그 자체가 바람이 통하고 숨을 쉴 수 있도록 제작되었기 때문에 독 속의 발효 음식은 오래 저장하여도 쉽게 상하지 않았다. 곧 우리 식생활에 발효 식품이 중요한 비중을 차지할 수 있는 기틀을 마련한 것은 독이라고 할 수 있다.

독은 이미 삼국시대 이전부터 우리 생활 속에 도입되어 고려, 조선을 거쳐 한국인의 식생활에 가장 요긴한 생활 용기가 되었다. 생김새와 문양도 지역마다 다르고 크기도 각각이다. 특히 강원도는 산악 지대라서 흔한 나무로 독을 만들어 사용하였다. 강원도의 통나무 김칫독은 대개 독성이 없는 버드나무로 만들어졌다. 통나무의 속을 파내서 공간을 확보하고 밑받침을 끼워 고정시켜 이것을 바로 독으로 사용하거나 또는 속을 파낸 통나무 내부에 기름 먹인 한지를 발라 건조시켜 국물이 새지 않도록 한 다음 김칫독으로 사용하였다. 이 나무독은 가벼워서 운반이 쉽고 깨지지 않으며 오래 쓸 수 있다는 이점 때문에 옹기 대용으로도 널리 이용되었다.

김치를 저장하기 위한 목적으로 김칫독을 묻고 그 위에 가는 통나무를 원뿔 모양으로 세우고 짚을 덮어

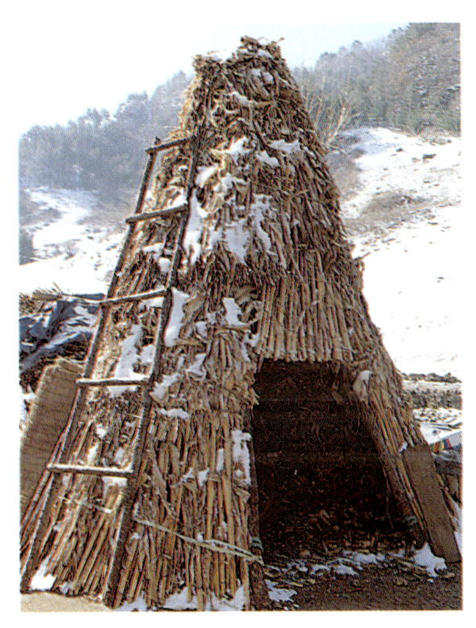

김칫광 김치를 저장하기 위하여 김칫독을 묻고 그 위에 원뿔 모양의 움집을 만들었다.

작은 움집을 만든 것이 김칫광이다. 눈, 비를 피하고 김치의 숙성과 장기 보존을 위하여 땅속의 일정한 온도 유지를 이용한 보관 장치이다. 김칫광은 부엌과 가까운 뒤꼍에 세우는 것이 일반적이다.

그러나 최근에는 이러한 독이나 광 대신에 냉장고에 보관하는 방법이 널리 쓰이고 있다. 요즈음 냉장고에는 오랫동안 신선하게 보관할 수 있는 김치 저장고가 부착되어 있어서 더욱 편리하다. 많은 양을 보관하기는 어렵지만 요즘은 김장의 양이 전보다 많이 줄었기 때문에 큰 어려움은 없다.

이렇듯 현대에 들어서 김치 보관법도 이전과는 많이 달라졌다. 기계 문명의 발달로 다양한 소재를 이용한 새로운 용기가 개발되고 있다. 그리고 핵가족화, 외식 산업의 발달, 대량 제조 등으로 김치가 연중 시판되어 저장의 필요성을 많이 느끼지 못한다. 그래서 겨우내 제 맛을 잃지 않은 잘 숙성된 김치를 꺼내 먹던 옛 풍습이나 뒤뜰에 나란히 묻혀 있던 김칫독이 점점 사라지고 있는 실정이다.

양념 기구

양념 기구를 마련하는 기구로는 양념 절구, 양념 됫박, 양념 단지, 마지, 강판, 자배기 등이 있다.

양념 절구는 큰 방아는 보리 등의 곡식을 도정하지만 작은 방아는 특별히 양념용으로 소량의 깨, 마늘, 생강 등을 빻는다. 양념 됫박은 소금과 고춧가루 등의 양념을 측정하던 계량기이다.

김치의 맛은 주재료와 부재료가 섞여 제대로 숙성되었을 때 가장 맛깔스럽다. 그래서 여러 가지 재료를 보관하는 단지가 많이 필요하다. 하나나 둘 또는 셋이나 넷, 많으면 대여섯 개의 작은 단지들이 아기자

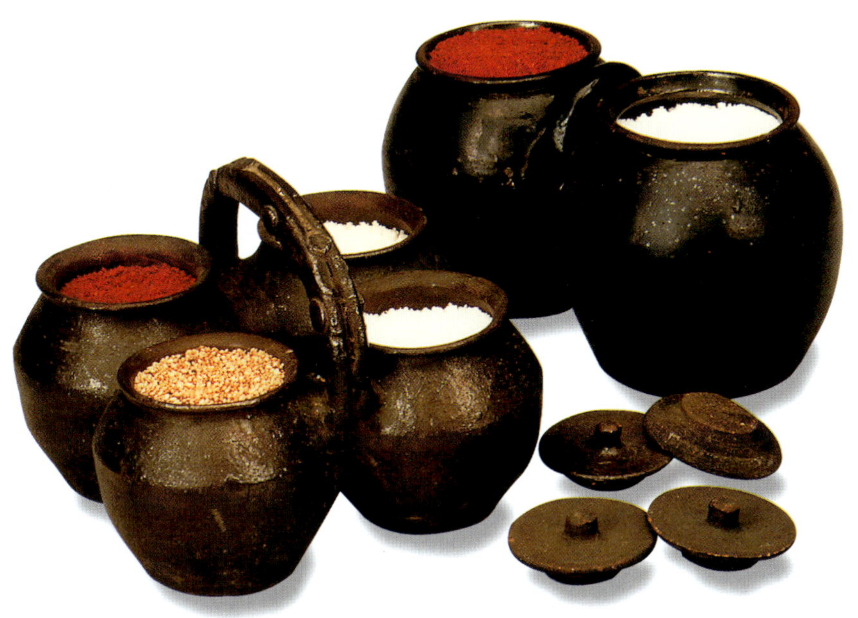

양념단지 하나나 둘 또는 셋, 넷, 많으면 여섯 개의 작은 단지들이 아기자기 모여 이루어진 양념 단지는 굵은 소금, 고운 소금, 깨소금, 고춧가루, 깨 등의 양념을 보관한다.

기 모여 이루어진 양념 단지는 굵은 소금, 고운 소금, 깨소금, 고춧가루, 깨 등의 양념을 보관한다.

마자는 양념을 갈 때 쓰는 기구로 손가락을 끼워 넣을 수 있도록 홈이 패어 있는데 이 속에 손을 넣어 거친 표면으로 양념을 간다. 강판역시 양념을 갈 때 쓰는 도구로 도자기나 양철에 구멍을 내어 만든다.

자배기는 절인 배추나 무를 양념에 버무릴 때 사용하는 넓은 그릇으로 소래기도 같은 역할을 한다. 또 절인 배추를 건져 놓는 광주리도 필요하다.

김치 담글 때 필요한 도구

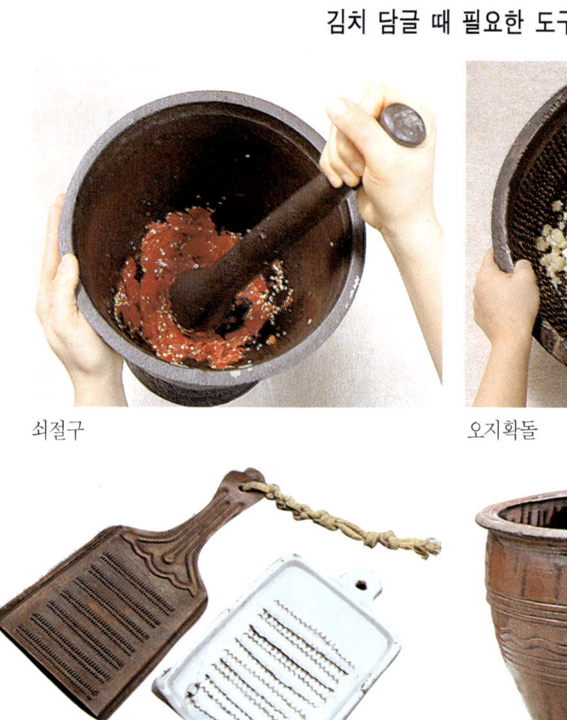

쇠절구

오지확돌

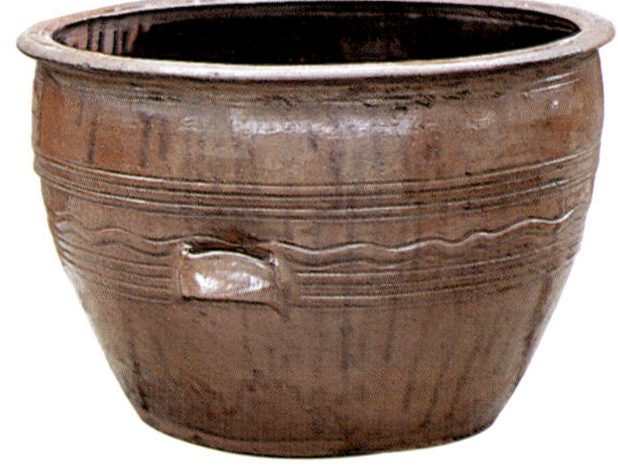

강판

자배기

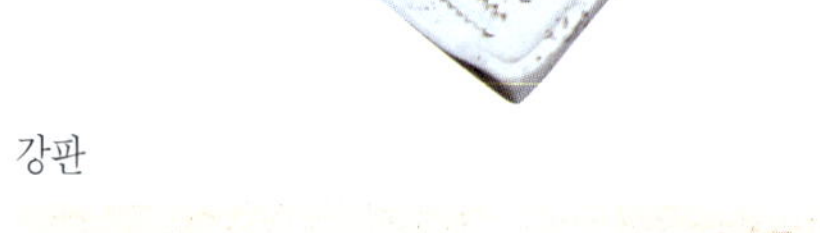

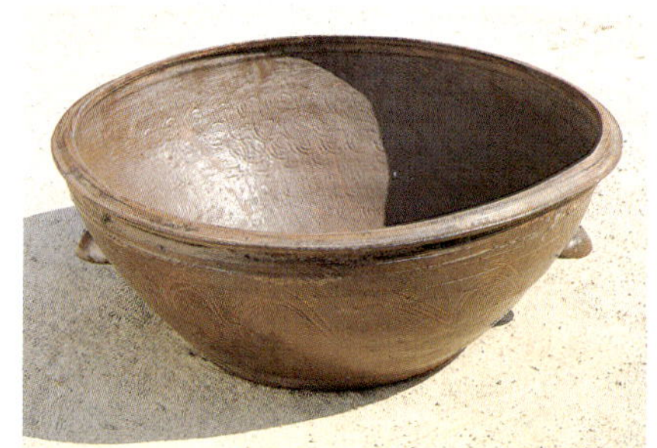

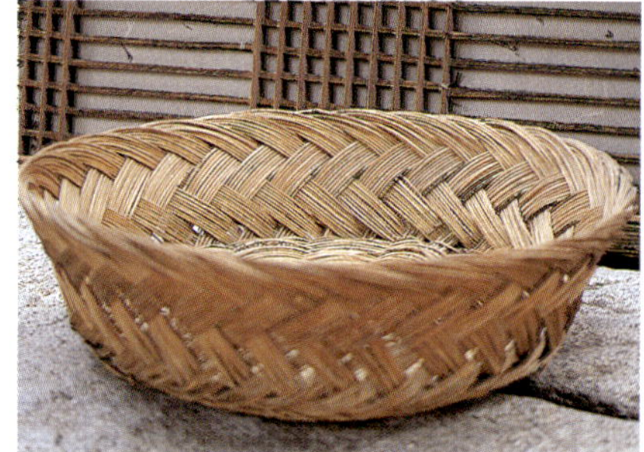

소래기

광주리

김치와 음식 예절

한국은 농경문화권으로 공동체 생활을 중시하였고 사람과 사람 사이의 정(情)을 각별히 여겼다. 예로부터 음식은 혼자 먹는 것보다 나누어 먹을 때 더 맛있다고 생각하였고 음식을 나누어 먹으면 정이 쉽게 든다 하여 가족뿐만 아니라 이웃까지 나누어 먹을 수 있도록 늘 푸짐하게 음식을 장만하였다.

또한 예를 중시하는 민족답게 음식을 먹을 때도 예의를 갖추어 법도에 맞게 먹고 상차림도 규범에 따랐다. 예를 들어 어른이 먼저 수저를 들기 전에는 아랫사람이 먼저 음식을 먹을 수 없었고 또 어른 앞에서는 음식을 소리내어 먹어도 안 된다. 식사 중에는 자리를 떠서도 안 되며 즐거운 화제를 가지는 것은 좋으나 지나치게 말을 많이 하는 것도 금한다. 그리고 반상의 기명(器皿)도 밥그릇, 국그릇, 수저, 찬기, 종지 등으로 각각 제 위치가 있다. 찬의 종류도 반상의 규범대로 차려지며 찬 음식은 왼쪽, 따뜻한 것은 오른쪽에 차려지는 등 식사 규범을 지켰다.

조선 후기 실학자 이덕무는 『사소절(士少節)』이란 책에서 김치 쪽이 한 입에 먹을 수 없을 정도로 크면 입으로 잘라서 그 나머지를 김치 그릇에 도로 놓지 말고 따로 밥상에 두고 남김없이 먹어야 한다고 가르치고 있다. 또한 어른께 올리는 김치는 눕히지 않으며 뿌리 쪽이나 잎 끝 부분을 올려서는 안 된다. 배추김치일 경우 중간을 통으로 잘라 보시기에 세워 놓는 것이 예의이다.

독상일 때 김치의 위치는 상의 제일 뒤쪽이며 상차림의 규범에 따라 국물 김치를 포함한 두세 종류의 김치를 올려야 한다. 특히 죽상 차림이나 면상 차림에는 반드시 국물 김치가 올라간다. 국물 김치는 오른쪽에 차려진다.

김치는 공경하는 웃어른에 대한 선물용으로 사용되기도 하였다. 연

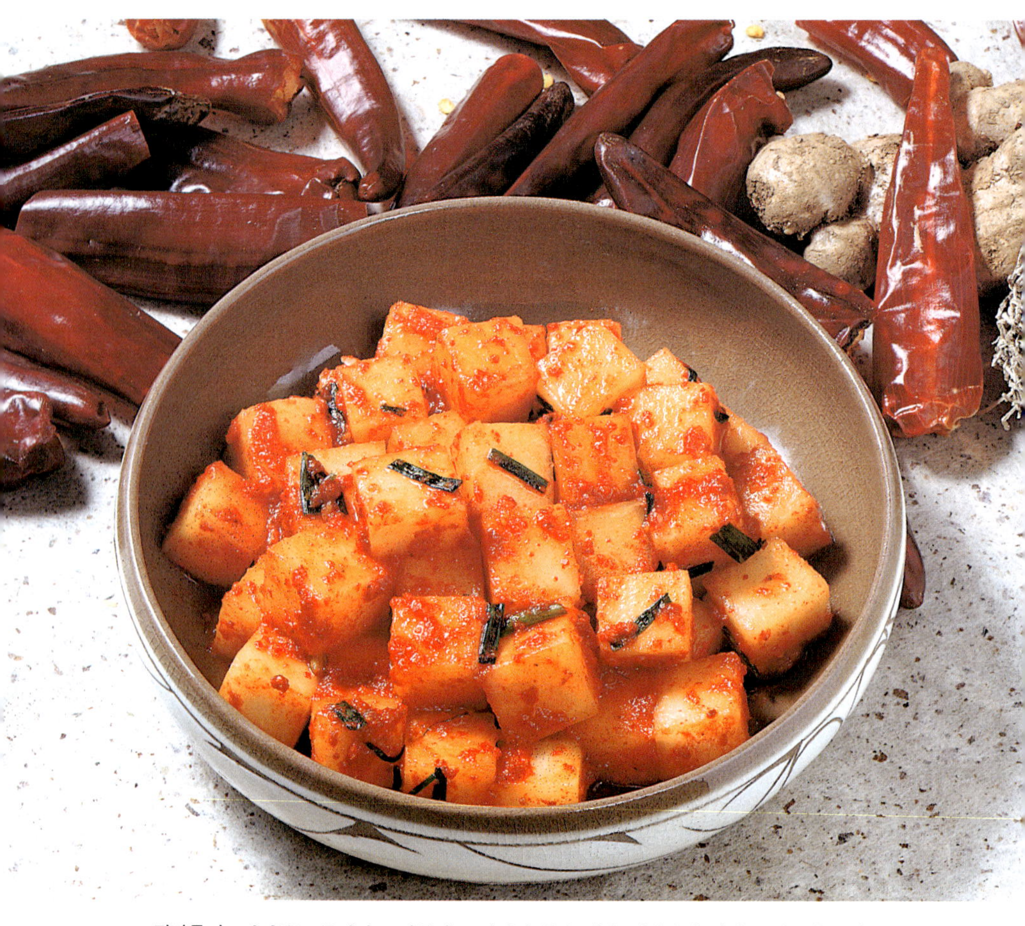

정깍두기 임신부는 무엇이든 반듯하고 빛깔이 좋은 것을 선별하여 먹었고 깍두기를 담글
때도 무를 정사각형으로 썰어 만드는 정깍두기 등 반듯한 김치만을 먹었다.

말이면 백자 항아리에 감동젓무김치를 담그고 집에서 담은 술과 함께 세찬(歲饌) 선물용으로 어른께 올렸다.

이러한 예절이 극대화되어 나타난 것이 숙김치와 정깍두기라고 할 수 있다.

정깍두기

우리나라 사람들은 갓 임신한 부부가 아이를 잉태하여 출산하는 일을 가정의 가장 큰 경사로 여겼다. 따라서 부인이 임신을 하면 여느 때와 달리 아기를 출산할 때까지 몸가짐이나 언어 생활, 섭생에 유난히 신경을 썼다. 그것은 임산부의 행동이나 사고가 태아에게 많은 영향을 미친다는 생각에서였다.

이때는 질이 좋은 음식을 먹는 것은 물론이고 음식물의 모양도 고려의 대상이 되었다. 무엇이든 반듯하고 빛깔이 좋은 것을 선별하여 먹었고 그 원칙은 김치에도 적용되었다. 배추김치를 담글 때는 물론 깍두기를 담글 때도 무를 정사각형으로 썰어 만드는 정깍두기 등 반듯한 김치만을 먹었다. 여기에는 몸과 마음이 반듯한 아이를 출산하라는 간절한 기원이 담겨 있다.

숙김치

우리나라는 예로부터 동방예의지국이라고 불렸는데 내 부모는 물론 이웃 어른들까지 내 부모처럼 공경하는 것을 당연시하였다. 이런 효 의식은 의식주 특히 식생활에서 잘 나타난다.

젊은이와는 달리 노인들은 치아가 부실하여 단단한 음식은 잘 먹을 수 없다. 그래서 음식을 만들 때도 이러한 노인들을 위한 배려로 노인 위주로 음식을 만들게 되었다. 김치의 경우도 예외는 아니어서 노인이 드시기에 좋은 김치를 만들었다. 그 예로 숙(熟)깍두기, 숙섞박지라는

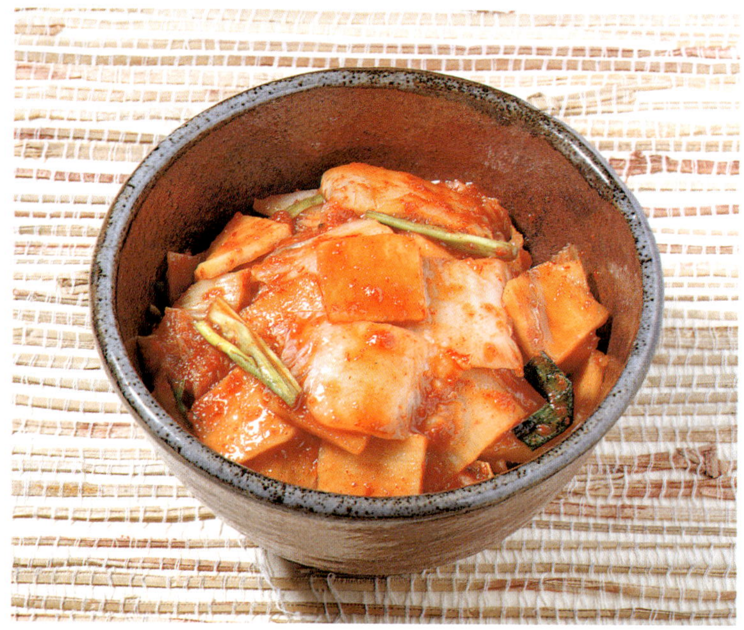

숙섞박지 잇몸이 약한 노인들이 쉽게 드실 수 있도록 만든 것으로 무를 살짝 삶아서 무르게 한 후 새우젓을 곱게 다져 고춧가루 등의 양념으로 버무린 김치이다.

것이 있다. 이것은 잇몸이 약한 노인들이 쉽게 드실 수 있도록 만든 것으로 무를 살짝 삶아서 무르게 한 후 새우젓을 곱게 다져 고춧가루 등의 양념으로 버무린 김치이다. 또 고춧가루를 많이 넣은 김치는 매워서 노인들이 드시기에 적합하지 않으므로 간이 삼삼한 백김치로 공경을 표하기도 하였다. 이렇게 노인의 치아와 소화 기능까지 염두에 둔 숙김치를 통해 노인을 공경하는 아름다운 민족성을 엿볼 수 있다.

특이성 김치와 향토 김치

특이성 김치

한 나라의 음식 문화는 자연 환경, 사회, 문화, 종교적인 영향을 받으면서 형성된다. 김치도 이러한 영향하에 특이한 김치들이 생겨나게 되었다. 우리나라는 일찍이 왕조가 계승되면서 궁중 음식이 발달하였고, 융성한 불교 문화가 꽃피면서 사찰 음식이 생기게 되었으며 조상의 은덕을 기리는 제를 행하면서 제향 음식이 발달하게 되었다. 김치 또한 궁중과 사찰 및 제사 음식의 특성을 지니고 있다.

궁중 김치

우리나라의 궁중 음식 문화는 건국 이래 조선까지 연마되고 축적되어 왔다. 한국 음식의 정수라고도 할 수 있는 궁중 음식은 각 고을에서 진상되는 최고의 식품 재료들이 조리술이 뛰어난 주방상궁과 대령 숙수들에 의해 잘 다듬어지고 조리되었다. 따라서 궁중 음식은 식품의 배합이나 양념을 쓰는 방법이 매우 과학적이고 합리적이다.

왕가의 종식으로 궁중 음식도 사라졌으나 동성동본 혼인이 성립되지

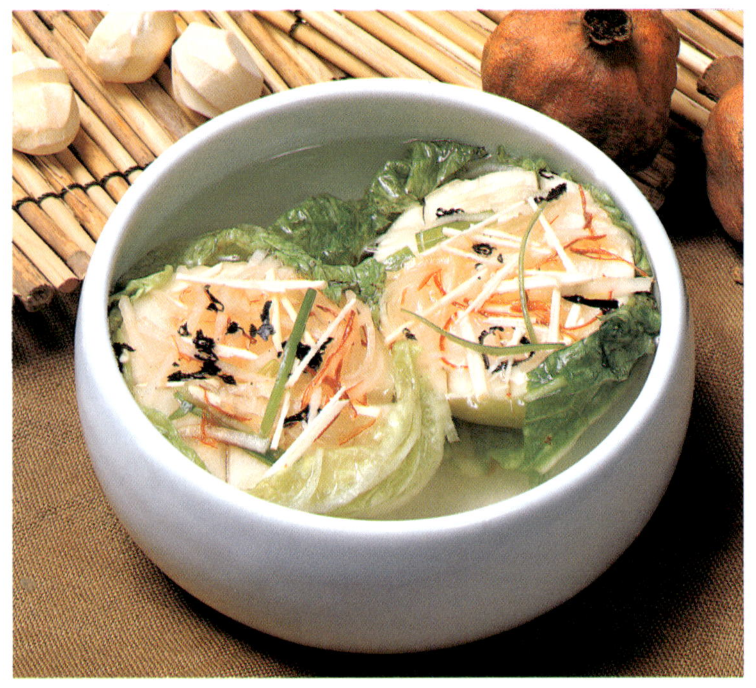

석류김치 마치 석류가 익어 벌어진 듯한 모양으로 무에 바둑판처럼 칼집을 넣어 절인 다음 소를 채워 만든 국물이 넉넉한 김치이다.

않은 관습에 따라 왕가와 사대부의 교류가 빈번하여 궁중의 음식이 양반가에 전해졌다. 이렇게 전한 궁중 음식이 반가 음식에도 영향을 주어 오늘날에도 궁중 음식의 맥이 이어지는 기틀이 되었다. 궁중 김치를 담그는 법은 서울 지방의 보통 김치를 담그는 법과 별반 다를 것이 없으나 최고의 재료를 선택하여 연마된 조리 기술로 담갔다. 동치미를 담글 때 당시 민가에서는 찾아볼 수 없는 유자를 넣어 독특한 맛을 냈다.

　궁중 김치는 무를 바둑판 모양으로 칼집을 내어 일일이 소를 채워 숙성시킨 석류김치, 유자동치미, 통배추김치, 감동젓무김치, 송송이(깍두기), 소금 대신 진간장으로 담그는 장김치 등이 대표적이다.

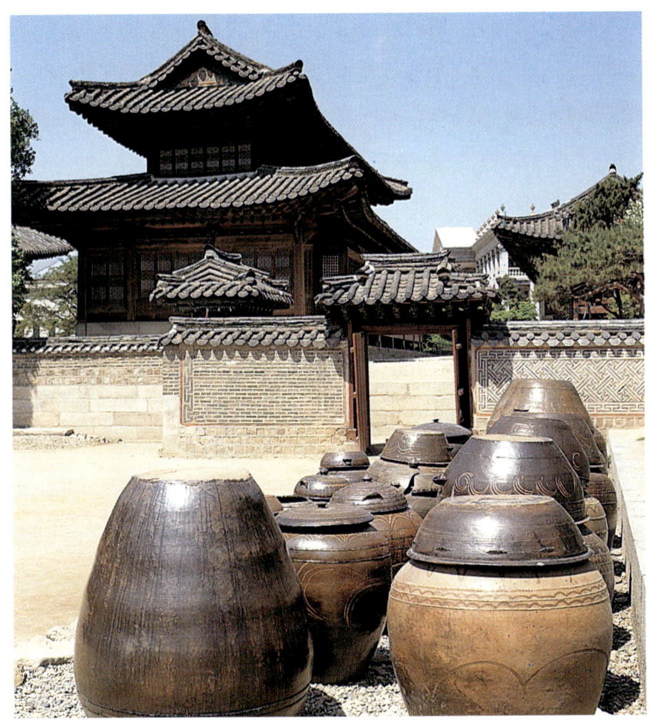

왕궁의 장독대 한국 음식의 정수라고 할 수 있는 궁중 음식은 최고의 재료, 최고의 솜씨로 만들어졌다. 덕수궁 석어당과 장독대.

사찰 김치

우리나라에서 불교의 영향력은 무시할 수 없다. 거의 모든 분야에 영향을 끼친 불교가 우리의 식문화에도 큰 영향을 끼쳤다. 불살계의 원칙에 따라 육류 섭취가 엄격하게 금지된 불교에서 사찰 음식은 당연히 채소뿐이다. 이는 우리나라 채소 음식류 발달의 근간이 되는데 온갖 채소류로 김치를 담가 먹는 우리의 음식 성향과 관계가 깊다.

이렇게 큰 영향을 끼친 불교가 전래된 때는 기원전 372년이다. 소승불교를 믿는 곳에서는 탁발을 하므로 절에서 음식을 만들 필요가 없으나 우리나라처럼 대승불교를 믿는 곳에서는 절에서 음식을 베푼다. 한국의 사찰 음식은 우리가 즐겨 먹는 음식들과 크게 다르지 않지만 사찰

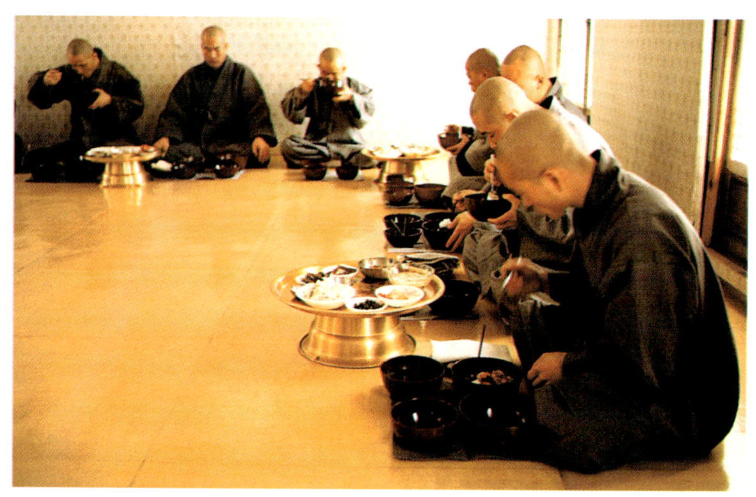

공양 육류 섭취가 금지된 불교에서 사찰 음식의 재료는 당연히 식물성 일색이다. 음식을 만들 때도 자극적인 재료와 양념, 젓갈을 사용하지 않는다.

마다 독특한 조리법이 있고 산초(山椒)를 주원료로 동물성 재료와 오신채(파, 마늘, 달래, 부추, 흥거), 인공 감미료 등은 사용하지 않는다. 또 음식 만드는 일과 먹는 일을 수행의 한 과정으로 생각한다.

사찰 김치는 일반 가정에서 담근 것보다 종류가 다양하고 담백한 맛이 특징이다. 김치를 담글 때에도 오신채에 해당하는 자극적인 채소와 양념은 사용하지 않고 날것을 먹으면 성내는 마음을 일으킨다 하여 생명을 죽여서 만든 젓갈도 사용하지 않는다. 그 대신 각종 산나물, 들나물, 재배 채소와 젓갈 대신 엉기는 역할과 함께 영양을 보완하는 잣즙, 들깨즙, 땅콩즙, 호박죽, 보리밥, 밀가루죽, 감자 삶은 물 등을 사용하여 담백함과 함께 특유의 맛을 즐기게 되었다. 김치 양념으로는 소금이나 간장, 고춧가루, 생강, 통깨 등이 주로 쓰이고 산초를 넣기도 한다.

예로부터 금강산 유점사, 묘향산 보천사, 해남 대둔사 등의 동치미가 유명하였으며 국물의 톡 쏘는 맛이 청량 음료 같은 효과를 주기도 한

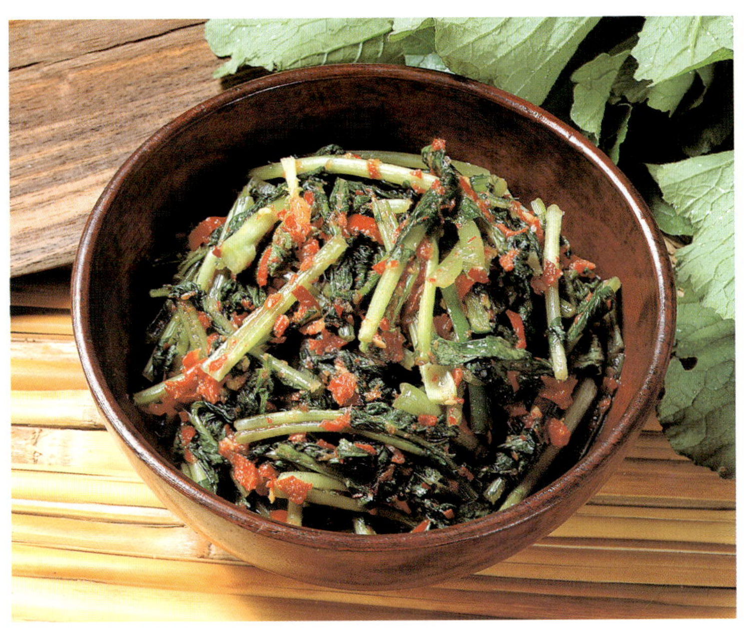

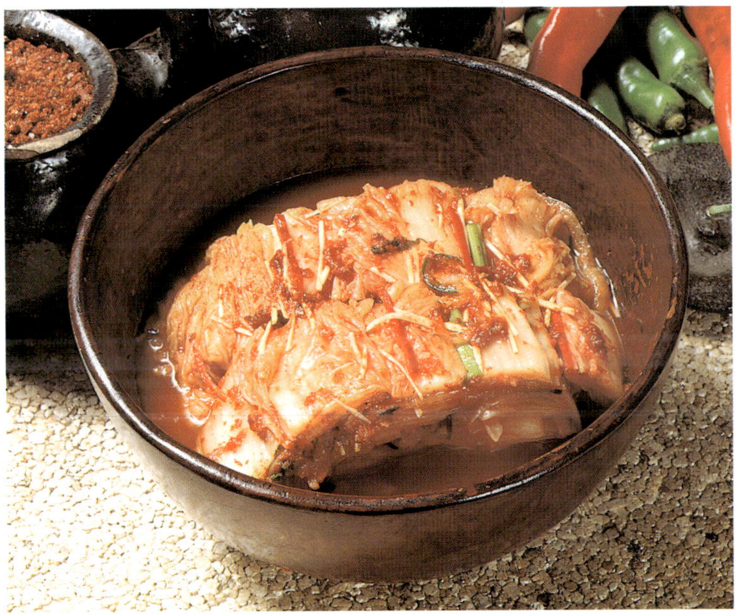

사찰 열무김치와 배추김치 사찰 김치는 종류가 다양하고 담백한 맛이 특징이다. 김치를 담글 때에도 오신채에 해당하는 자극적인 채소와 양념, 젓갈도 사용하지 않는다. (위, 아래)

다. 이외에 금산사 고들빼기김치, 석남사 미나리김치, 봉은사 깍두기
도 명성이 있었다.

제사 김치

제의례란 죽은 조상을 추모하여 지내는 의식으로 신명(神明)을 받들
어 복을 빌고자 하는 의례이다. 제의례 때에는 제사상에 제찬을 차려
진설(陳設)하는데 제사 김치는 제사상의 제물에 들어 있는 김치이며
무로 담근 나박김치가 주로 올려진다.

제사 김치는 익히지 않은 날것으로 국물이 없고 김치를 곧게 세워서
예의를 갖춘 것을 특징으로 한다. 배추김치를 썰 때에는 어른의 진짓상
처럼 통배추를 썰어 중간 부분을 세워 제기에 올리는데 나박김치의 경
우에는 건더기만 건져 제기에 담는다. 제사 김치의 문헌상 기록은『고
려사』「예지」의 원구진설조(圓丘陳說條)와『세종실록』오례조(五禮條)
등에도 나타나고 있다.

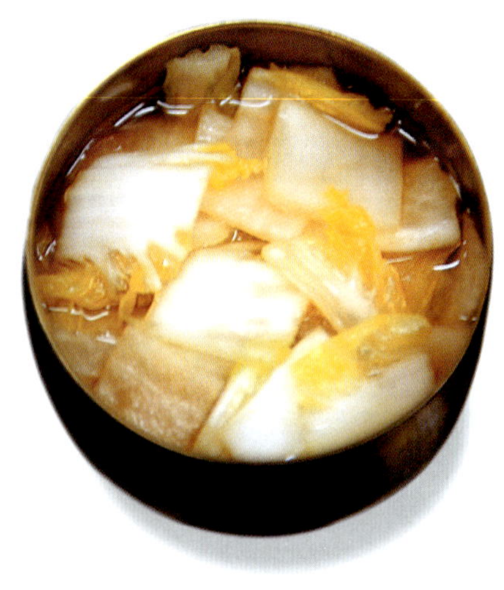

유기에 담긴 제사 김치　제사
김치는 익히지 않은 날것으로 배
추김치를 썰 때에는 어른의 진짓
상처럼 통배추를 썰어 중간 부분
을 세워 제기에 올린다.

향토 김치

우리나라는 냉온대 기후에 속하여 한대성 기후와 열대성 기후의 이중적 성격을 띠고 있다. 한겨울에는 일최저기온(日最低氣溫)이 영하 10도 이하로 한랭 건조하고 한여름에는 일최고기온이 30도를 넘어 고온 다습하여 연교차(年較差)가 크다. 특히 남북의 기온차가 매우 커 한반도의 중부에서 북부로 갈수록 겨울철이 길다.

이러한 기후 현상은 강수, 지형과 상관하여 22만 제곱킬로미터의 작은 강토이면서도 기후구가 다양하게 구분되는 것으로 나타난다. 또 작물 재배와 수산물은 물론 발효 식품 가공 기술은 자연 환경에 영향을 받기 때문에 지역과 계절에 따라 독특한 산물(産物)로 향토 음식이 정착되는 계기가 되었다.

향토 음식은 자연과 역사, 사회적 환경에 영향을 받으며 정착된 그 지역의 고유한 토착 음식을 말한다. 우리나라는 기후구와 지형, 해황이 다양하여 각 지방마다 고유한 음식 문화가 생겨났다.

경기도

경기도는 여러 면에서 우리나라의 중심부에 위치한다. 차령산맥의 끝 부분인 동쪽과 남쪽의 산간 지방은 산나물이 많고 서쪽의 해안은 수산물이 풍부하다. 또 경기·김포·평택평야 등은 토질이 비옥하여 쌀, 보리, 콩, 땅콩, 옥수수, 채소 등 여러 가지 농산물과 배, 복숭아, 포도 등의 과일이 많이 나고 산나물, 들나물도 풍부하다.

개성은 고려의 도읍지였던 까닭에 음식이 호화롭고 사치함이 남아 있으며 조선의 도읍지였던 서울은 양반과 중인(中人) 요리가 그 전통을 이어가면서 향토 음식으로 정착되었다. 간은 짜지도 맵지도 않으며 양은 적은 편이다. 또한 음식 가짓수는 많고 격식이 비교적 까다롭고

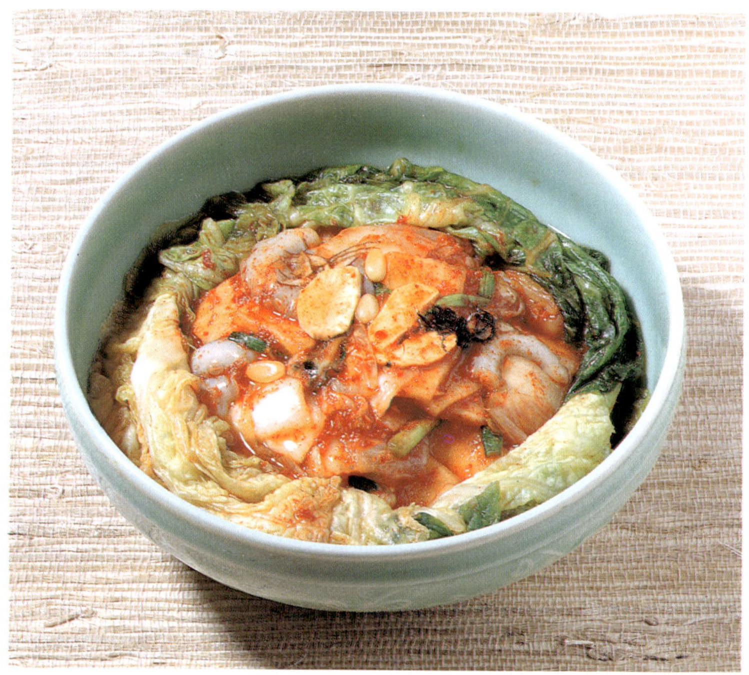

쌈김치 개성은 예로부터 상업의 중심지였던 까닭에 음식이 호화롭고 사치스럽다. 조기젓
과 새우젓을 주로 사용하며 국물이 자작한 담백한 맛의 쌈김치가 유명하다.

양념은 적게 쓰되 품위 있게 잘고 곱게 썰어 만든다.

　서울은 조선의 도읍지답게 양반 음식의 맥이 곳곳에 살아 있다. 김치
를 담글 때는 조기젓과 새우젓을 주로 사용하며 국물이 자작한 담백한
맛의 쌈김치가 유명하다. 그 밖에도 간장으로 담그는 장김치, 곤쟁이젓
으로 담그는 감동젓무김치, 나박김치, 백김치, 쌈김치, 오이김치 등이
있다.

　경기도는 예로부터 상업의 중심지였던 까닭에 음식이 호화롭고 사치
스럽다. 개성의 특산물인 인삼을 이용한 수삼나박지, 미삼김치 등과 쌈

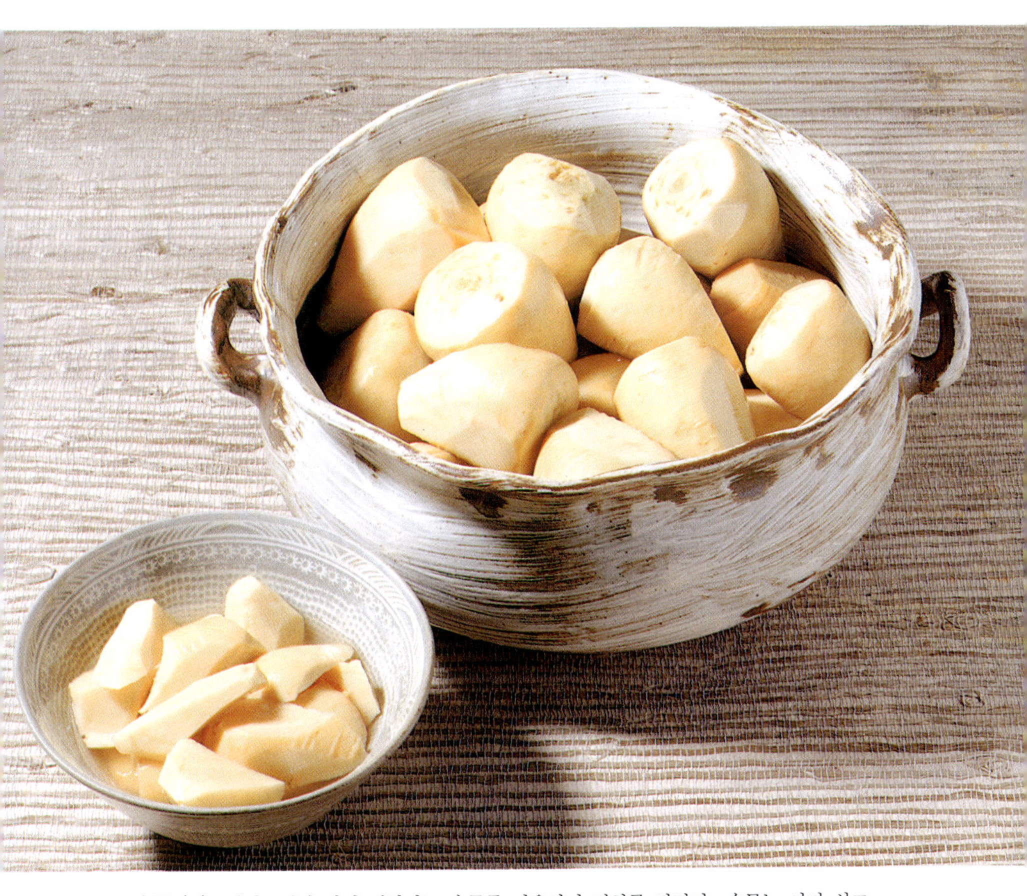

순무김치 강화도에서 많이 생산되는 순무를 이용하여 김치를 담갔다. 순무는 이미 상고 시대부터 김치의 재료로 이용되었다.

〔裸〕김치가 특징이다. 그 밖에도 호박열무김치, 비늘김치, 용인 외지, 순무김치, 채김치, 씀바귀김치, 꿩김치, 동치미, 백김치 등이 있다.

충청도

충청도는 우리나라의 중앙에 위치한 지역이다. 충남은 기후가 온화하고 강우량도 적당한 데다 토질이 기름져 농사짓기에 적합하였다. 금강을 중심으로 펼쳐진 논산평야는 우리나라 3대 곡창지대의 하나로 쌀 이외에도 여러 산물이 풍부하다. 충남의 서쪽은 황해로 이어져 굴, 새

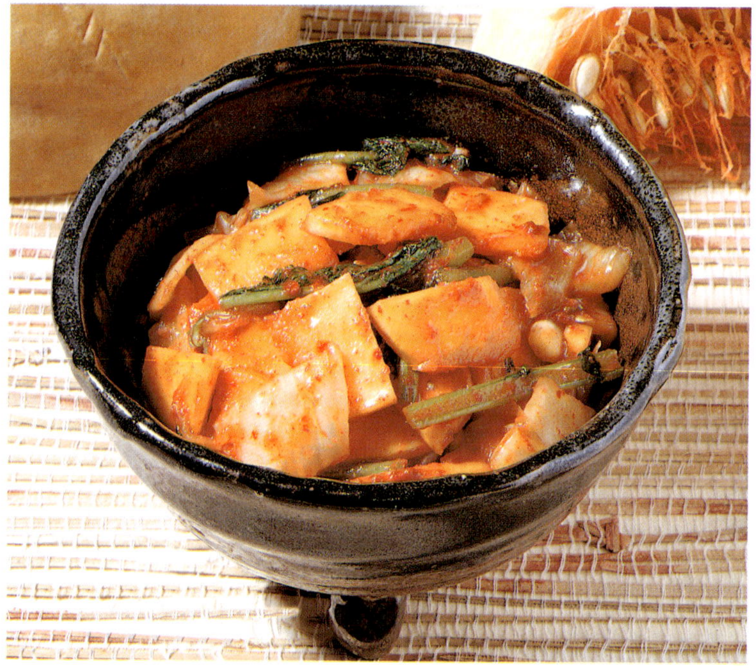

호박김치 충북 내륙의 산간 지방에서는 산채와 버섯들이 많아 이들을 이용한 향토 음식이 많다. 양념은 적게 쓰는 편이고 담백하고 소박한 맛을 즐긴다.

우, 갈치, 숭어, 가오리, 조기, 꽃게 등이 나며 간월도의 어리굴젓과 광천의 새우젓이 향토 산물로 유명하다.

충북은 내륙 지방이어서 수산물을 찾아보기 어렵지만 산에 냇물이 많아 민물새우, 민물장어, 메기, 올갱이, 쏘가리, 공어 등이 유명하다. 충북 내륙의 산간 지방에서는 산채와 버섯들이 많아 이들을 이용한 향토 음식이 많다. 양념은 적게 쓰는 편이고 담백하고 소박한 맛을 즐긴다. 특산물인 새우젓을 주로 이용하며 굴깍두기, 호박김치, 늙은호박김치, 섞박지, 시금치김치, 가지김치, 박김치, 돌나물김치 등이 있다.

강원도

강원도는 우리나라 동쪽에 위치한 지역으로 동쪽은 바다, 서북쪽은 황해도와 함경도의 경계이다. 여러 도와 경계를 이루는 강원도는 태백산을 중심으로 영서와 영동으로 나누어진다. 영서 지역은 감자, 옥수

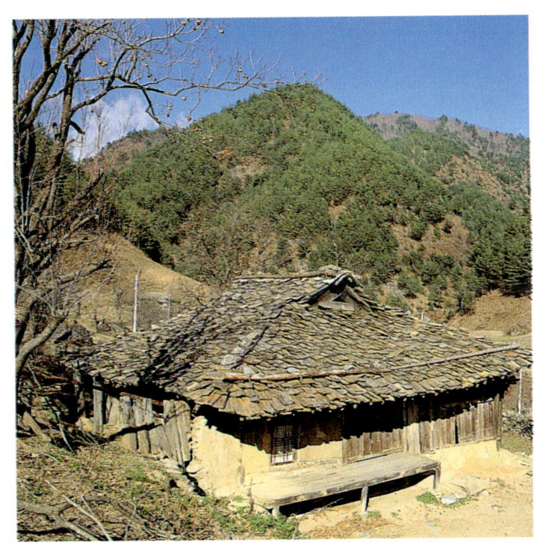

너와집 태백산을 중심으로 영서와 영동으로 나누어지는 강원도는 음식이 소박하고 먹음직스러우며 육류보다 조개류, 멸치 등으로 맛을 낸다. 강원도 삼척 신리.

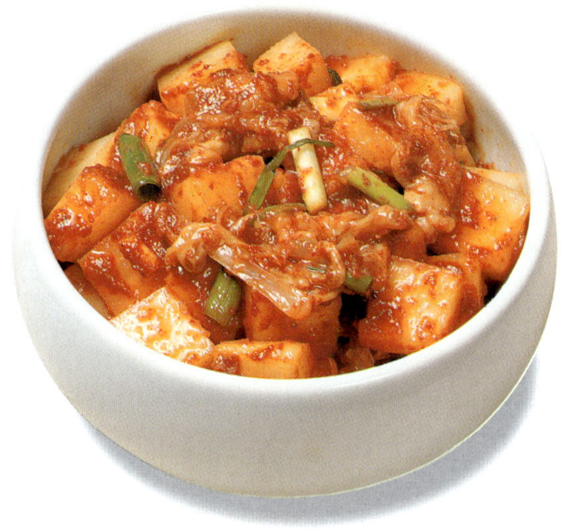

대구아가미깍두기　강원도는 다른 지방과 달리 오징어, 명태 등의 해산물이 김치 재료로 많이 이용된다. 특히 곡물과 채소와 함께 버무려 삭힌 식해가 유명하다. 창란젓깍두기, 오징어무말랭이김치 등도 있다.

수, 콩, 메밀 등의 밭작물이 많이 나고 영동 지역은 명태, 오징어, 미역 등의 수산물과 그 가공품인 황태, 명란젓, 창란젓, 마른 오징어, 건미역 등이 많이 난다. 도토리, 칡, 두릅, 송이 등의 산채와 특용 작물인 약초가 흔한 강원도는 음식이 소박하고 먹음직스러우며 육류보다는 조개류, 멸치 등을 넣어 맛을 내는 것이 특징이다.

다른 지방과 달리 오징어, 명태 등의 해산물이 김치 재료로 많이 이용된다. 특히 곡물과 채소와 함께 버무려 삭힌 식해가 유명하다. 창란젓깍두기, 오징어무말랭이김치 등도 있다.

전라도

전라도는 우리나라의 서남쪽에 자리잡고 있으며 다른 지방에 비해 곡물, 수산물, 산채 등 모든 것이 풍부하다. 전북은 우리나라 최대의 곡창지대이며 노령산맥과 소백산맥 사이의 고원과 분지에서는 인삼,

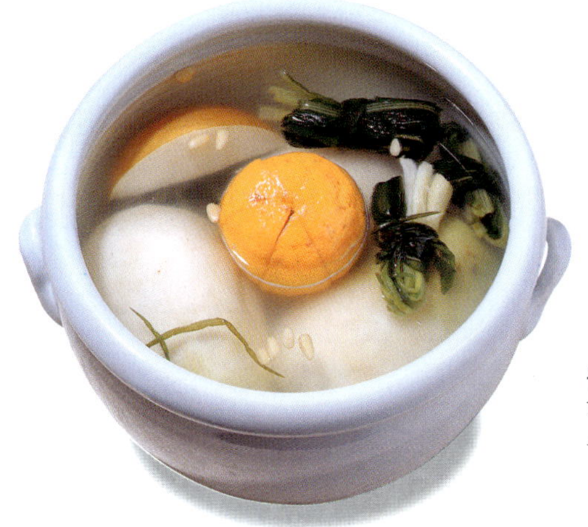

유자동치미 남도에서 많이 나는 유자를 넣어 유자 특유의 향이 동치미 국물에 우러나는 해남의 유명한 김치이다.

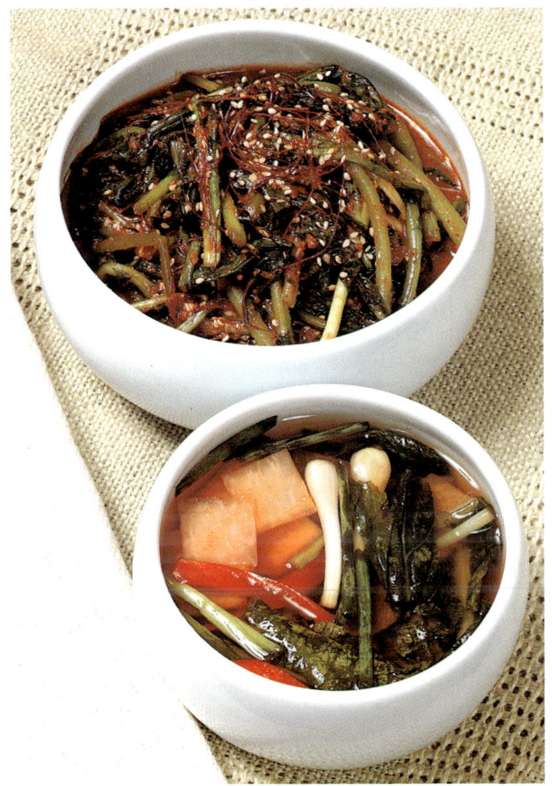

돌갓김치 맛깔스런 맛에 풍류까지 곁들여진 전라도 김치는 간이 세고 매운맛과 자극적인 맛이 두드러진다. 고들빼기김치나 돌갓김치의 특이한 맛은 익은 후에 더욱 제 맛을 낸다.

고추를 비롯한 밭작물과 고랭지 채소가 산출된다. 또 산수유, 오미자, 당귀 등의 약초와 원추리, 고사리 등의 산나물, 버섯류 등 다양하게 생산된다. 전남은 바다를 끼고 있어 풍부한 수산물과 굴, 미역, 김 양식이 성행하며 생강, 감, 유자도 이 지방 특산물이다.

전라도는 이러한 자연적 특성에 의해 먹거리가 풍성하고 예로부터 부유한 토반들의 음식 문화가 전수되었다. 맛깔스런 음식 맛에 풍류까지 곁들여진 것이 특징이며 김치는 간이 세고 매운맛과 자극적인 맛이 두드러진다.

김치는 남도의 따뜻한 기후 때문에 고춧가루, 젓갈 등 양념을 많이 넣어 오래 저장할 수 있도록 하였다. 고들빼기김치, 돌갓김치, 배추포기김치, 갓김치 등이 있으며 주로 생멸치젓을 넣고 양념을 넉넉히 하며 찹쌀풀로 농후한 맛을 낸다.

남도에서 많이 나는 유자를 넣어 유자 특유의 향이 동치미 국물에 우러난 해남 유자동치미가 유명하다. 또 고들빼기김치나 돌갓김치의 특이한 맛은 익은 후에 더욱 제 맛을 낸다.

경상도

경상도는 지리적으로 우리나라의 동남부에 위치하여 경북은 동해, 경남은 남해라는 수산물의 보고를 갖고 있다. 또한 경상도 중남부 지역은 낙동강을 중심으로 한 평야지대로 보리, 쌀 등의 농업 생산성을 높여 준다.

생선회를 즐겨 먹으며 음식은 짜고 매운 편인데 음식에 모양을 별로 내지 않는 소박함이 특징이다. 대부분의 김치에는 멸치젓, 갈치젓, 꽁치젓을 주로 사용한다. 깻잎김치, 콩잎김치, 부추김치, 우엉김치, 쪽파김치, 감김치, 마늘줄기김치, 쑥갓김치, 더덕김치 등이 있다.

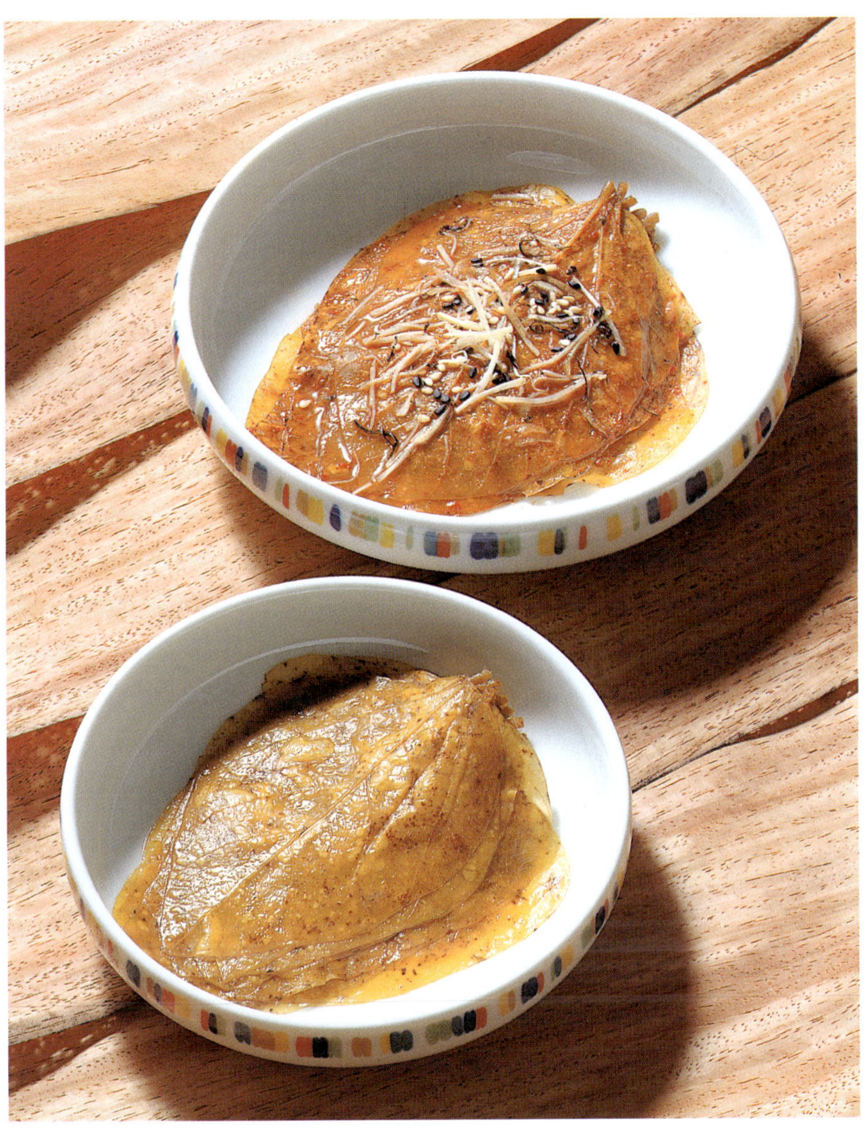

콩잎김치 경상도 음식은 짜고 매운 편인데 음식에 별로 모양을 내지 않는 소박함이 특징이다. 수확기의 누런 콩잎을 따서 김치를 담갔다가 다음해까지 밑반찬으로 이용한다.

황해도

황해도는 우리나라의 중서부에 위치하며 경기와 관서 지방에 접해 있다. 곡창지대로 유명하며 특히 재령과 연백평야에서 나는 쌀은 품질이 우수하여 왕실의 진상미로 쓰일 정도였으며 잡곡도 많이 난다. 황해도의 서쪽과 남쪽이 바다에 접해 있고 연해의 수심이 얕으며 난류와 한류가 교차되는 지점이기 때문에 수산 자원도 풍부하다.

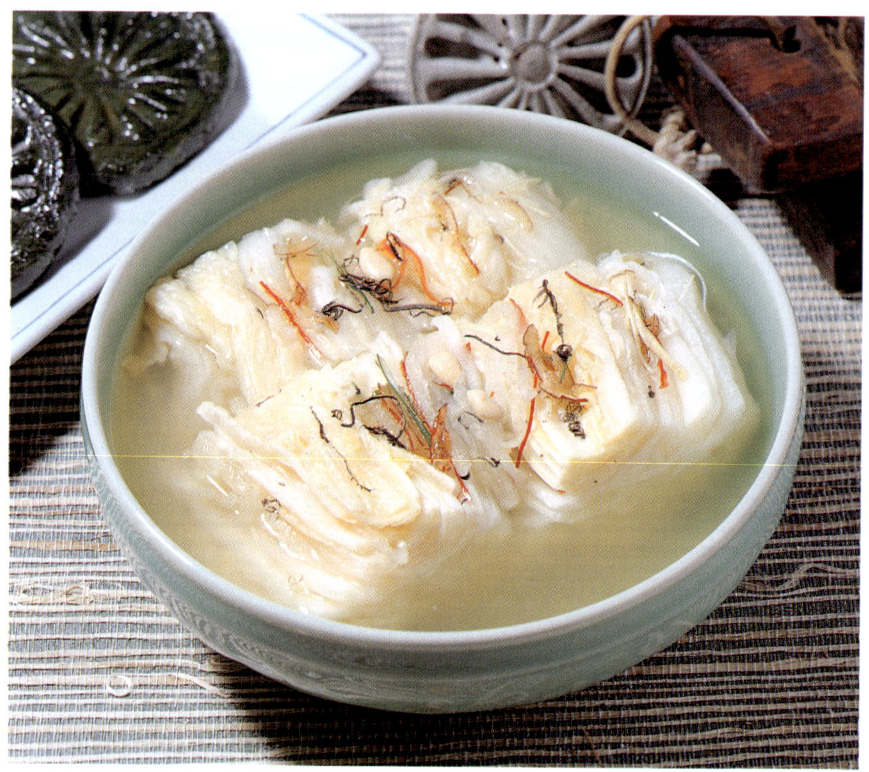

백김치 겨울이 긴 고장이라서 김치가 더디 익기 때문에 싱겁고 맵지 않은 것이 특징이다. 김치에 양념과 부재료를 많이 사용하지 않아 국물 맛이 담백하다.

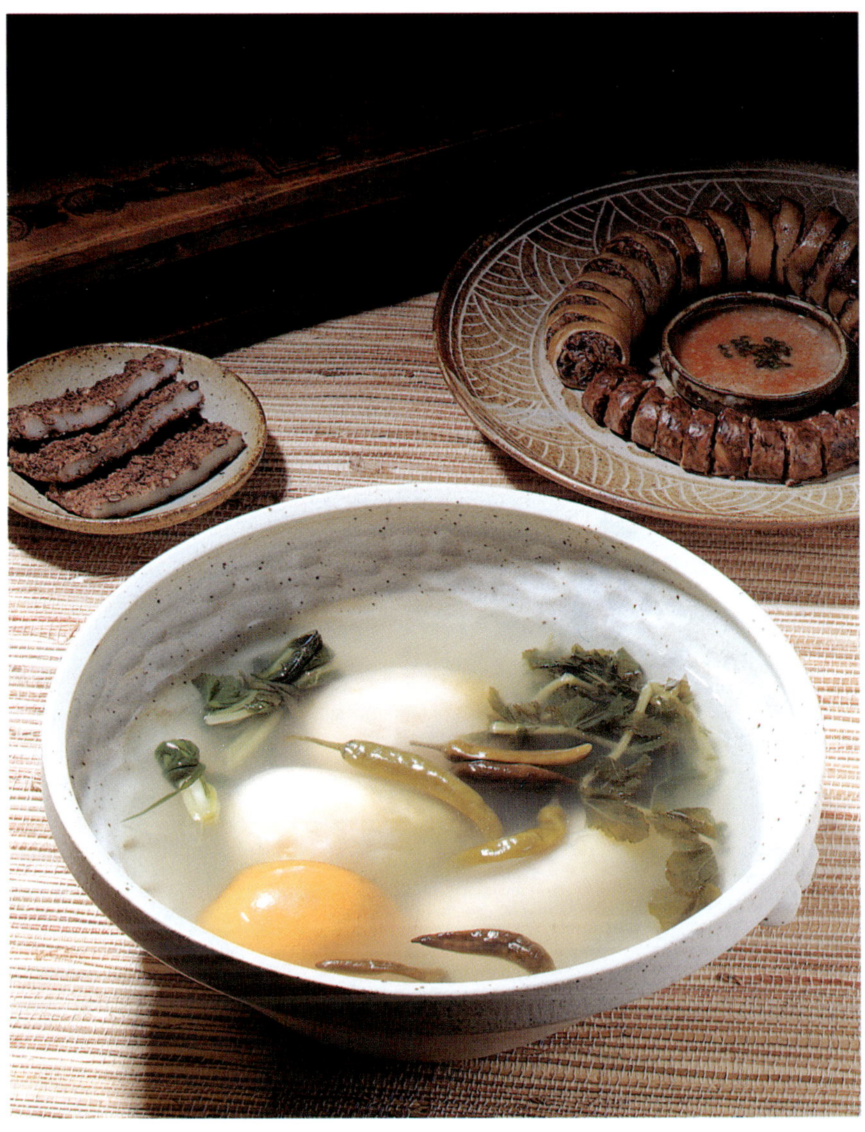

동치미 무를 넉넉히 넣고 배와 삭힌 고추, 청각 등을 넣어 익혀서 만들어 국물이 시원하기 때문에 김장할 때 빠뜨리지 않고 담근다.

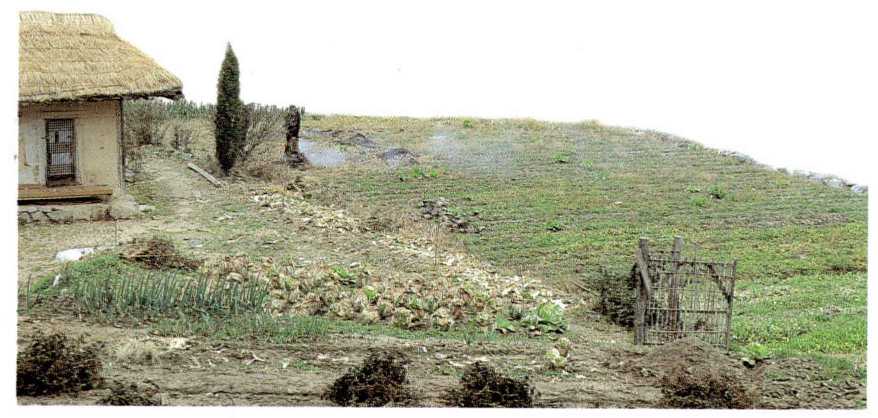

초겨울의 텃밭 추운 지방에서는 김치가 더디 익기 때문에 싱겁고 맵지 않게 담근다. 한겨울 밤에 온 식구가 둘러앉아 담백한 김치 국물에 말아 먹는 냉면은 밤참 이상의 의미를 가진다.

사과, 배, 봉숭아, 밤 등의 과일이 많이 생산되고 특히 황주의 사과는 그 품질이 우수하다. 예로부터 인심이 후하여 음식도 푸짐하고 큼직한 것이 특징이다. 맛은 구수하고 소박하며 음식에 기교를 부리지 않는다. 음식은 짜지도 싱겁지도 않게 요리하며 특이하게 김치에 고수와 분디라는 향신료를 쓴다.

김치는 맵지 않고 시원한 국물 맛을 즐겨 동치미를 담글 때 새우젓이나 조기젓 또는 육수를 이용한다. 겨울에는 이 동치미 국물에 메밀국수를 말아 먹기도 한다. 동치미, 고수김치, 호박김치 등이 유명하다.

평안도

평안도는 우리나라의 북서부에 위치하고 있다. 평안도의 동쪽은 산이 높아 험하나 서쪽은 바다에 접해 있어 수산 자원이 풍부하고 넓은 평야가 있어 농산물의 산출도 많다. 추운 지방이므로 겨울에는 육류와 콩, 녹두 등으로 만든 음식을 즐긴다. 예로부터 중국과의 교류가 빈번하여 평안도 사람들의 성품은 대륙적이고 진취적이다. 이러한 특성이 음식에도 반영되어 음식이 크고 먹음직스러우며 모양을 중시하지 않는다.

김치가 더디 익는 추운 겨울이 긴 고장이라서 싱겁고 맵지 않는 것이 특징이다. 김치에 양념과 부재료를 많이 사용하지 않아 담백한 국물 맛이 특징이다. 양지머리를 고아서 기름을 말끔히 걷어낸 육수로 동치미를 담가 그 국물에 냉면을 말아 먹는다. 냉면김장김치, 가지김치, 동치미 등이 있다.

함경도

함경도는 우리나라의 동북부에 위치하고 있으며 우리나라에서 가장 춥고 외진 산간 벽지로 여기서는 주로 잡곡이 생산된다. 특히 콩의 품

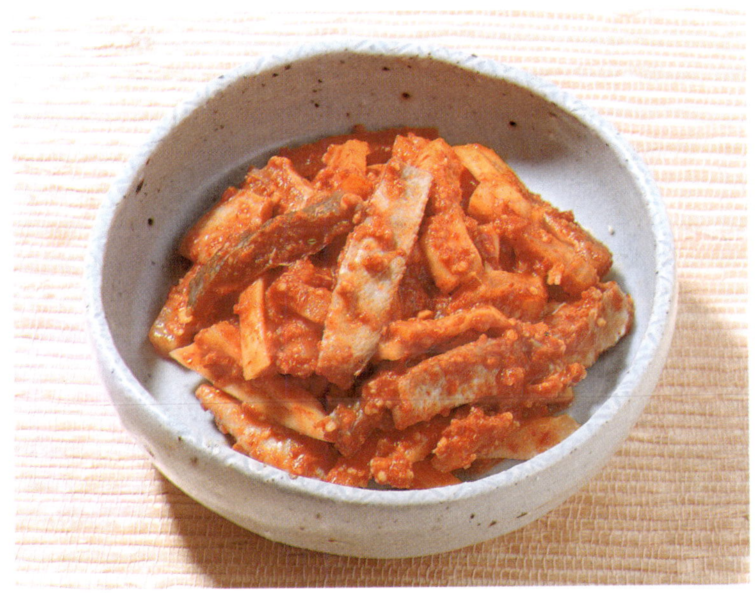

가자미식해 함경도에는 특산물인 생선을 이용한 김치가 많으며 채소와 곡물밥, 생선을 넣어 함께 발효시킨 가자미식해가 유명하다.

질이 우수하고 조, 귀리, 감자, 수수, 메밀, 옥수수 등이 산출된다. 수산 자원도 풍부하여 청어, 대구, 명태, 연어, 정어리, 넙치 등이 유명하다. 평안도와 마찬가지로 중국과 접해 있어 대륙적인 기질이 음식에도 나타나 풍성하고 대담하며 사치스럽지 않다.

간은 슴슴한 편이고 겨울 음식이 잘 발달되어 있다. 김치는 국물을 넉넉하게 하고 간이 약하며 고춧가루도 아주 조금 사용한다. 특산물인 생선을 이용한 김치가 많으며 채소와 곡물밥, 생선을 넣어 함께 발효시킨 가자미식해가 유명하다. 콩나물김치, 대구깍두기 등이 있다.

제주도

제주도는 우리나라 서남쪽에 자리잡은 가장 큰 섬이다. 쌀이 적게 나고 보리, 콩, 조, 메밀 등 잡곡과 고구마가 많으며 소, 말 등의 목축이

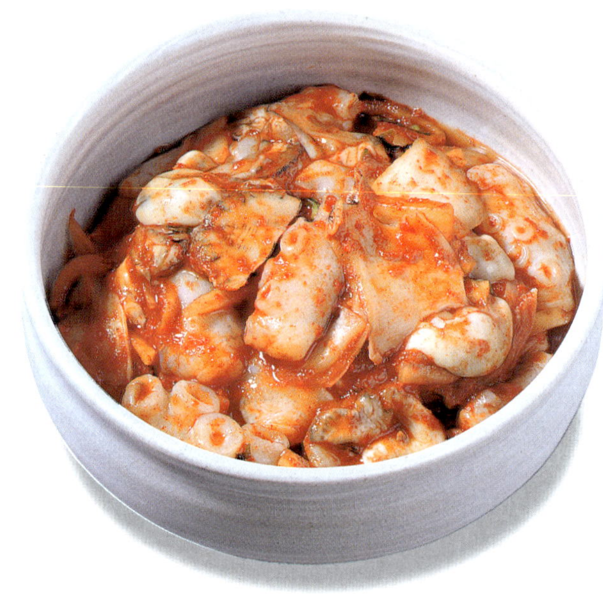

해물김치 제주도 음식은 소박하고 꾸밈이 없으며 음식을 많이 차리지 않는다. 해산물을 원료로 한 전복김치, 해물김치, 동지김치, 나박김치 등이 있다.

킨다. 절임류에 식초를 첨가하면 갈변을 막을 수 있으며, 이것은 물 속의 불필요한 금속류에 환원 작용을 일으켜 산화 방지 효과를 낸다. 또 산에 따라 변색을 일으키는 색소의 구조를 변경시키므로 갈변을 방지하기도 한다. 그 밖에도 단백질 응고 변성 작용과 향료의 안정화, 일부 색소의 불용화 등 많은 작용을 한다.

김치의 영양성

김치는 채소의 발효 식품으로 겨울철에도 채소의 영양을 섭취하게 하는 중요한 부식이다. 김치류는 재료나 숙성 조건에 따라 영양소의 변화가 다양하다. 김치에 사용되는 주재료는 대개 칼로리가 낮고 수분이 많으며 섬유소와 비타민류를 다량 함유한다.

배추나 무, 열무와 같이 녹색 잎을 이용하는 것들은 잎에 비타민 A가 상당량 들어 있기 때문에 이들을 너무 제거하지 않는 것이 좋다. 고추도 비타민 A가 풍부하고, 고춧가루는 김치 재료 중 가장 많은 비타민 C를 함유하고 있다. 마늘은 살균력이 높은 알릴설파이드라는 자극성 물질을 갖고 있어 여러 가지 효능을 나타낸다. 파 역시 마늘과 같은 자극 성분을 갖고 있으며, 파의 녹색 부분은 비타민 A와 C를 많이 함유하고 있다. 오이에 들어 있는 엘라테린(elaterin)이라는 쓴맛 성분은 소화를 돕고 칼륨 성분이 이뇨 작용을 돕고 있다.

새우젓이나 멸치젓은 야채류에 부족하기 쉬운 단백질, 아미노산 및 지방질의 좋은 공급원이며 김치 고유의 독특한 맛을 형성하는 데 한몫한다. 또 이들은 칼슘 함량이 높은 알칼리성 식품으로 체액을 중화시키는 역할도 한다. 해산물 가운데 김치의 재료로 가장 많이 사용하는 굴은 바다의 우유라고 할 정도로 칼슘, 철분, 글리코겐과 비타민류가 많이 함유되어 있다. 또한 굴에는 필수 아미노산이 골고루 함유되어 있고 글루탐산, 글리신 등이 감칠맛을 낸다.

김치는 영양학적으로 저열량 식품이다. 당질과 지방질 함량은 낮으나 식이섬유, 비타민 A와 C가 풍부하고 칼슘, 인, 철분 등의 무기질 성분도 많다. 김치 발효 과정에서 생성된 젖산과 젖산균은 항균성과 항돌연변이성, 항암성의 효과를 지닌 기능성 물질이다. 특히 배추, 마늘, 고추 등에는 비타민이나 무기질 외에도 다양한 약리 성분이 들어 있다.

배추 등의 채소에서 얻게 되는 식이성 섬유소는 영양 물질은 아니지만 장에서 음식과 소화 효소가 잘 섞이도록 돕고 연동 작용을 원활히 하여, 소화 흡수를 증진시켜 변비와 대장암을 예방하는 데에도 좋다. 고추나 마늘은 혈중 콜레스테롤을 감소시키는 효과와 함께 혈전 용해력이 높고 항산화 작용도 한다. 따라서 김치는 채소 발효 식품으로서의 영양성과 기능성 및 기호성을 동시에 갖추고 있는 뛰어난 건강 식품이라고 할 수 있다.

발효 과정의 성분 변화

젖산 김치의 발효는 다양한 미생물로부터 실행된다. 젖산 박테리아는 성장하여 젖산으로 다른 미세 생물을 조절한다. 잘 발효된 김치는 하루에 발효되는 요구르트류보다 훨씬 많은 양의 젖산 박테리아와 젖산을 포함한다. 유기산과 활성 젖산 박테리아는 인간의 대장에 좋은 영향을 준다. 이러한 젖산 박테리아들은 김치에 항균성을 부여하는데 여러 실험에서 항균성이 입증되었다. 또한 풍부한 식이섬유와 비타민, 저지방은 인간의 신체에 활력을 준다.

유기산 김치가 숙성되는 동안 가장 큰 변화를 보이는 성분은 유기산이다. 김치의 유기산은 채소에 함유된 효소나 숙성에 관여하는 여러 가지 미생물의 분비 효소들이 김치 재료의 여러 성분에 작용하여 생성

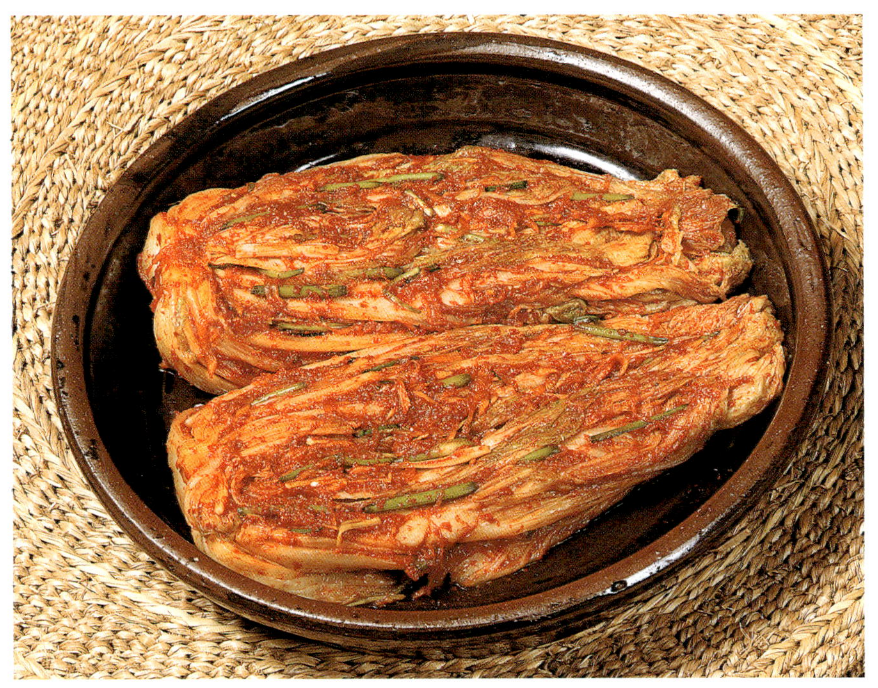

통배추김치 김치는 많은 양의 젖산 박테리아와 젖산을 포함한다. 뿐만 아니라 풍부한 식이섬유와 비타민, 저지방은 인간의 대장에 좋은 영향과 신체에 활력을 준다.

된다. 그러므로 배합 원료의 종류, 숙성 온도와 기간, 소금 농도에 따라 유기산 함량이 큰 차이를 보이며 이러한 차이는 맛으로 나타난다.

　김치의 주요 생성물인 유기산과 부수적으로 발생되는 탄산가스는 김치의 상쾌한 맛을 좌우하는 대표적인 성분이다. 유기산 함량이나 탄산가스의 생성 정도는 김치 관련 미생물의 특성과 생육 조건에 따라 많이 달라진다. 소금 농도가 낮고 저온에서 숙성시킨 김치는 소금 농도가 높고 실온에서 숙성시킨 김치보다 휘발성 유기산인 초산의 함량과 탄산가스의 생성량이 많다. 그래서 더욱 맛이 있다고 여러 번의 실험 결과에서 보고되었다.

유리아미노산 김치의 독특한 맛은 유기산, 탄산가스, 조미 향신료 뿐만 아니라 유리아미노산에 의해서도 형성된다. 유리아미노산은 주로 김치의 단백질 공급원인 젓갈류나 굴과 같은 해산물과 육류에 의해 변화된다. 어느 김치에서는 17종의 아미노산이 검출되었으며, 멸치젓을 넣으면 각종 유리아미노산 때문에 김치 맛이 좋아진다. 또 금방 담근 김치에 비해 숙성 김치의 유리아미노산은 감소하는 현상을 보인다.

비타민류 일반적으로 배추, 무 등 채소에는 비타민 C나 카로틴이 들어 있으며, 비타민 B군은 채소뿐만 아니라 젓갈류 등의 해산물에 많이 함유되어 있다. 특히 김치에서 고춧가루는 비타민 C의 공급원으로, 굴은 비타민 B군의 공급원으로 중요하다.

비타민 B_1, B_2는 점진적으로 증가하여 맛이 좋은 시기인 3주째에는 초기 함량의 2배 가량으로 최대가 되고 그 후 다시 감소하여 산패될 때에는 초기 함량만큼 남는다. 비타민 C는 숙성 초기에 일단 감소된 후 약간 증가하는데 이것은 배추 성분의 펙틴이 분해되어 생성된 당으로부터 비타민 C가 합성되며 발생한다. 이때 관여하는 합성 효소는 미생물에 의한 것이 아니라 채소가 갖고 있는 자가 효소로 추정된다. 비타민 B_{12}는 처음 일주일에는 초기보다 약 반으로 감소하다가 급진적으로 증가하여 3주째에 최고 함량을 나타낸다.

김치는 발효 숙성 기간에 재료 및 미생물에 의해 여러 가지 성분 변화를 일으킨다. 이들 유기산, 유리아미노산 및 비타민류의 함량 변화는 전체적으로 김치에 맛이 잘 들었다고 하는 완숙기에 최고값을 보인다.

김치 담그기

김치의 특징은 시고 달며 탄산처럼 톡 쏘는 맛에 있다. 김치는 서양에서 흔히 만들어지는 야채 발효 음식인 사우어크라우트(sauerkraut)와는 매우 다르다. 다양한 김치 조리법과 발효 방법이 김치를 만드는 동안 발견되고는 한다.

여러 가지 김치의 맛이 먹을 때마다 다른 것은 그다지 놀라운 일이 아니다. 여러 종류의 김치의 맛이 각기 다름에도 불구하고 맛을 내는 요소는 소금, 야채의 젖산 발효, 양념들과 젓갈, 신선한 해산물로 모두 같다. 그렇지만 김치에 사용되는 재료는 다양하다. 우리 민족이 즐겨 먹는 김치가 다른 나라에서는 찾아볼 수 없는 것은 품질 좋은 다양한 채소와 여러 종류의 젓갈 덕분이다. 김치의 독특한 맛은 주재료인 채소가 지닌 향미 성분과 질감에 좌우되며 재료가 되는 각종 채소나 양념류, 젓갈류에 있는 미생물의 효소 작용이 김치의 숙성에 영향을 미친다. 그러므로 김치 원료가 맛을 내는 가장 중요한 요인이 된다고 할 수 있겠다.

김치류는 엽채류, 근채류 심지어는 과채류까지 그 지역이나 계절에 따라 다양하게 사용할 수 있고 양념 또한 적절하게 가감하여 다양한 제품을 만들 수 있다. 김치 재료 가운데 가장 흔하게 이용되는 것이 무와 배추이고 그 밖에 오이, 파, 갓, 깻잎, 미나리, 부추, 열무, 갓 등이 김치의 주재료와 양념으로 쓰인다.

김치는 사용되는 재료에 따라 빨리 익기도 하고 지연되기도 한다. 또한 첨가하는 재료나 숙성 기간에 따라 영양 성분의 변화는 필연적이다. 김치의 부재료 가운데 파, 마늘, 고춧가루는 배추만으로 김치를 만들었을 때보다 젖산, 숙신산, 초산, 탄산가스의 함량을 높여 김치의 맛에 큰 영향을 준다. 또한 발효 숙성 기간을 단축시켜 주는데 마늘을 많이 사용한 김치는 다른 부재료들에 비해 탄산가스와 알콜의 함량이 많아 맛을 더욱 좋게 한다. 고춧가루를 첨가하면 젖산을 상대적으로 많이 생성해 마늘과 고춧가루가 김치의 숙성 발효를 촉진시킨다는 사실을 증명하고 있다. 생강은 다른 부재료보다 향미 성분을 적게 생성할 뿐만 아니라 갈변 현상을 일으키기 때문에 김치에 많이 첨가하면 색이 탁해질 수도 있다.

한편 젓갈류는 단백질, 아미노산 등 미생물의 성장에 필요한 질소원을 다량 함유하고 있다. 이것은 김치의 숙성을 촉진시키는 결과를 가져오며, 새우젓이 멸치젓보다 조금 더 숙성을 촉진시킨다. 때문에 김장을 할 때 이듬해 봄에 먹을 김치 곧 오랫동안 저장할 김치는 소금 농도를 높이고, 젓갈이나 고춧가루 등 숙성을 촉진시키는 재료는 적게 사용한다.

김치의 부재료인 오이도 김치의 숙성을 촉진시키며 마늘과 마찬가지로 비타민 B군의 함량이 높다. 부추는 숙성을 지연시킨다고 하여 오이소박이 등에 많이 사용하고 있으나 아직 과학적으로 증명되지는 않았다. 부추는 오이김치를 담글 때도 많이 사용하며 시는 것을 지연시키는 것으로 알려지고 있다.

배추

약 95퍼센트 정도의 수분을 함유하고 있으며 칼로리가 낮다. 결구한

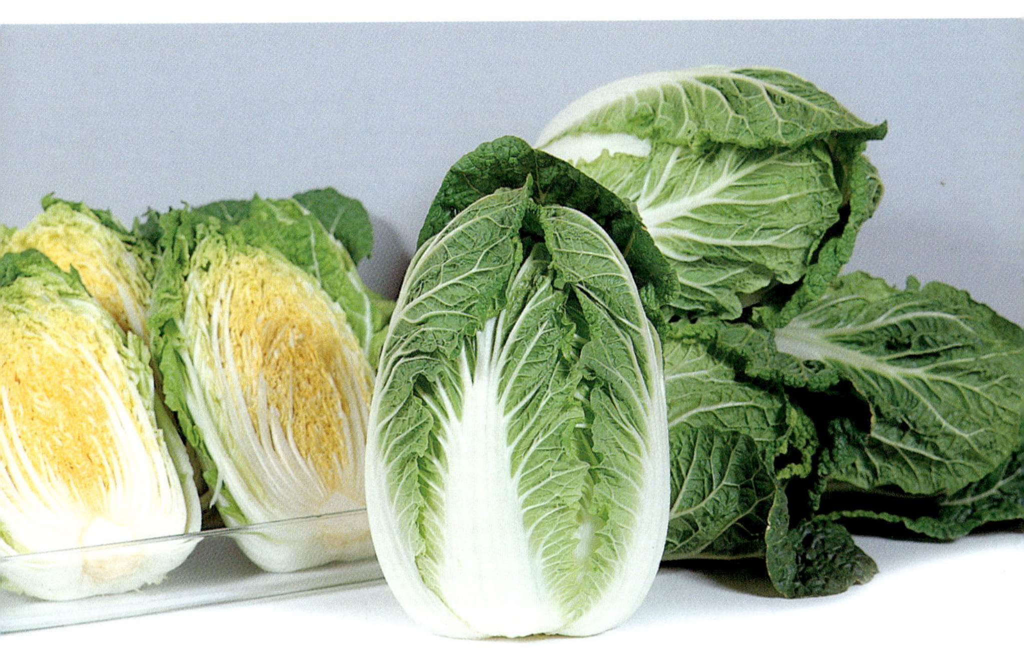

- **가을배추** 배추의 약 95퍼센트가 수분이며 칼로리가 낮다. 햇배추는 클수록 상품이고 가을배추는 중간 정도인 것으로 결구가 잘 되어 중량이 무거운 것이 상품이다.

연백부에는 비타민 A가 거의 없으므로 녹색 잎을 너무 많이 제거하지 말아야 한다. 녹색 잎이 많이 붙은 배추는 김치를 담가도 비타민을 상당량 보존하고 있다.

 좋은 배추는 푸른 잎이 많고 껍질이 얇으며 단단하게 결구된 잎이 밀착되어 외엽의 버림이 적은 것, 깨끗하고 신선해 보이는 것이 좋다. 저장 배추는 푸른 잎이 붙어 있고 싱싱해 보이는 것, 햇배추는 클수록 상품이고 가을배추는 중간 정도인 것으로 결구가 잘 되어 승량이 무거운 것이 상품이다.

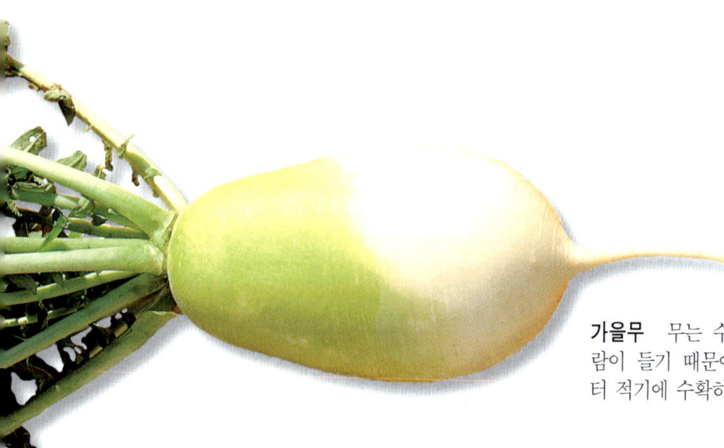

가을무 무는 수확기가 늦을수록 바람이 들기 때문에 생육이 빠른 것부터 적기에 수확하여야 한다.

무

김치 재료로 많이 사용되는 겨자과의 저온성 채소로 서늘한 기후를 좋아하며 기온 변화에 약하다. 품종은 재래종과 일본 수입종으로 크게 나눌 수 있으며 생태적으로 가을무, 봄무, 여름무(고랭지무)로 구분된다. 재래종은 일반적으로 뿌리가 짧고 육질이 단단한 반면 수입종은 예외도 있으나 대부분 뿌리가 길고 육질이 유연하다.

뿌리는 연하고 단맛과 매운맛이 나며 김장무, 짠지무(단무지), 총각무(알타리) 등 특성과 용도에 따라 쓰임이 다르다. 무는 수확기가 늦을수록 바람이 들기 때문에 생육이 빠른 것부터 적기에 수확하여야 한다. 무가 바람든다는 것은 조직 일부가 죽어 내용 물질을 상실하여 솜처럼 되는 현상을 말한다. 조생종은 빨리, 만생종은 느리게 이 현상이 나타난다.

좋은 무는 크고 균일하며 모양이 바르고 흠이 없어야 한다. 또 몸매가 곱고 신선하며 윤택하고, 육질이 단단하면서 치밀하고 연하고 매운맛이 적고 감미가 있는 것이 좋은 무이다.

고추

가지과에 속하며 생육 기간이 가장 긴 일년생 채소이다. 고온 건조한

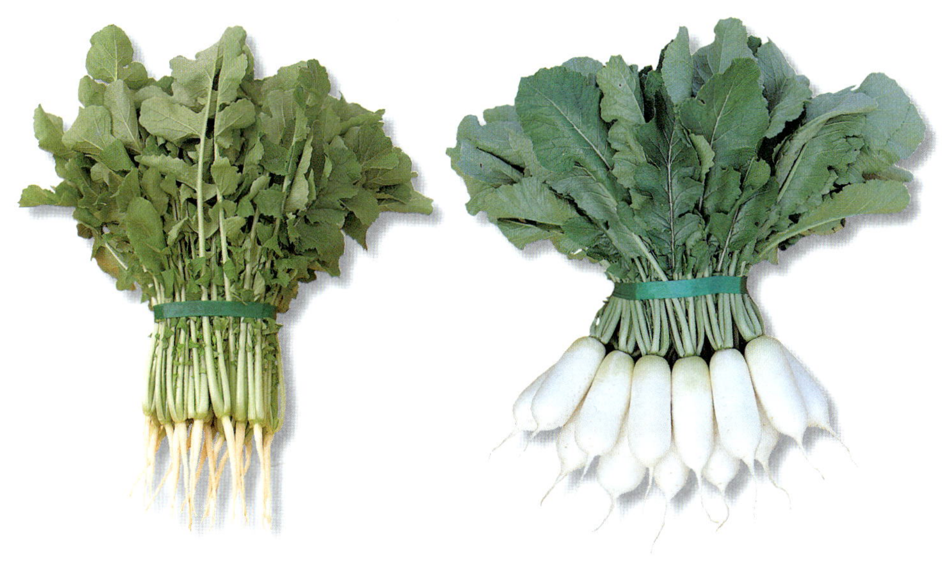

열무와 알타리무 김치 재료로 많이 사용되는 겨자과의 저온성 채소로 서늘한 기후를 좋아하며 기온 변화에 약하다.

기후에서 잘 자라나 연작 피해가 심하다. 저장성이 강하여 연중 시장에 출하되며 풋고추는 연중, 홍고추는 6월 중순, 마른 고추는 7월 하순에 첫물이 난다. 고추는 매운 것과 맵지 않는 것 두 종류가 있으며 대개 매운 고추가 작다. 서양 사람들은 주로 맵지 않은 큰 고추를 날것으로 식용하나 매운맛을 좋아하는 우리나라 사람들은 작은 고추를 먹는다.

고추는 건조 방법, 크기와 색깔에 따라 상품성이 다르다. 공기가 맑고 통풍과 직사광선이 좋은 고지대에서 건조한 것은 태양초라 하여 으뜸으로 친다. 그러나 요즘은 그러한 건조 방법으로는 대량 생산이 어렵기 때문에 주로 화력으로 건조한다. 8, 9시간 이내로 건조하면 균류에 의한 부패를 방지할 수 있어 주산지에서는 주로 화력 건조를 하고 있다.

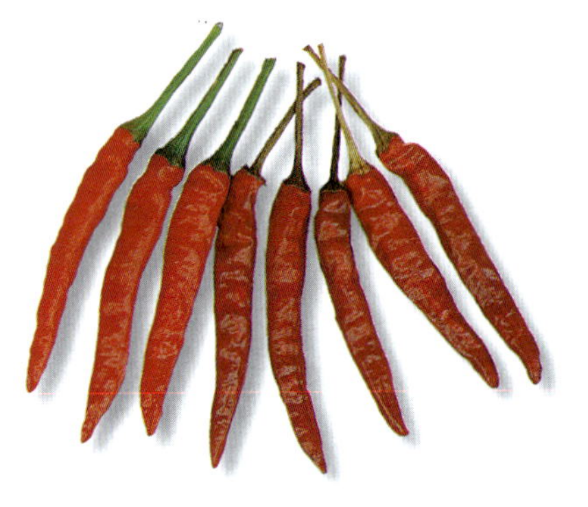

좋은 고추는 햇볕에 잘 말린 것으로 표피가 매끈하고 주름이 없고 색이 고르게 선명하며, 이물질과 탈락 종자가 없어야 한다. 또한 꼭지가 제대로 붙어 있고 크기와 모양이 균일하며 건조 상태가 양호한 것이 좋은 고추이다.

마늘

백합과에 속하는 다년생 채소로 온화한 기후에서 잘 자라나 추위와 더위에는 파보다 약하다. 마늘은 기온이 높아지면 수확기가 빨라지며, 잎의 끝부터 절반 가량 말랐을 때가 수확 적기이다.

일반 농가에서 재배하고 있는 대표적인 재래 품종은 만생종인 소인편종(육쪽 마늘), 다인편종(여러 쪽 마늘)과 장손마늘이다. 이 가운데 매운맛이 강한 다인편종이 김장용으로 많이 사용되며, 마늘장아찌나 잎을 이용하는 경우에는 장손마늘이 사용된다.

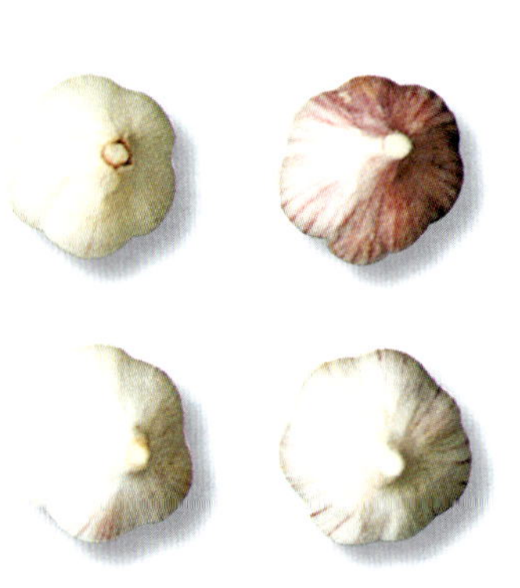

마늘은 먹을 수 있는 부분의 수분이 79퍼센트 정도이고 연중 공급할 수 있는 중요한 조미료이다. 마늘의 주요 자극 성분인 알릴설파이드는 살균력이 탄산의 15배에 달하며 신진대사를 원활하게

하고 진통, 변비 방지, 해독 작용 등 효능이 다양하다.

좋은 마늘은 크기와 모양이 균일한 한지형 육쪽 마늘이면서 참흙에서 재배한 것으로 표피가 담갈색 또는 담적색이다. 그리고 쪽수가 적고 짜임새가 단단하고 알차 보이며 인편을 감싸고 있는 겉껍질과 속껍질의 부착이 매우 강하고 외형이 둥글고 깨끗하며 고유의 매운맛이 강한 것이 좋은 마늘이다. 또한 햇마늘은 건조가 양호하여 저장성이 강한 것이 좋고 저장 마늘은 싹이 돋지 않고 육질이 견고하며 공각이 없고 변색되지 않은 것이 좋다.

파

저장성이 약한 식품으로 80퍼센트 정도의 수분을 함유하고 있다. 파의 녹색 부분은 비타민 A와 C가 많다. 잎이 얇고 부드러운 것은 잎이 이용되고, 엽채부가 두텁고 긴 것은 줄기가 이용된다. 일반적으로 겨울철의 외대파 출하품은 저장성이 강하고 연백부 길이가 길며, 여름철은

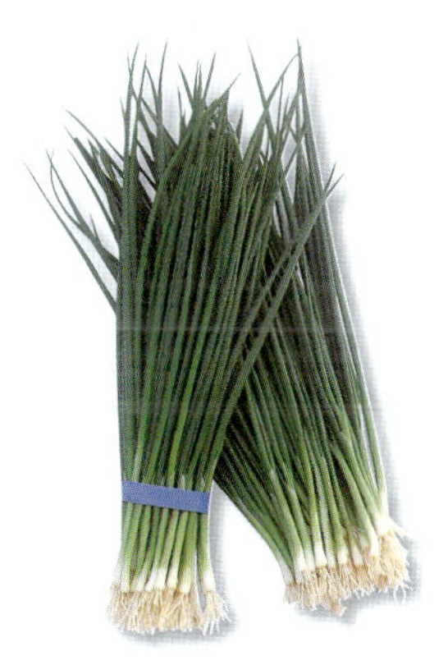
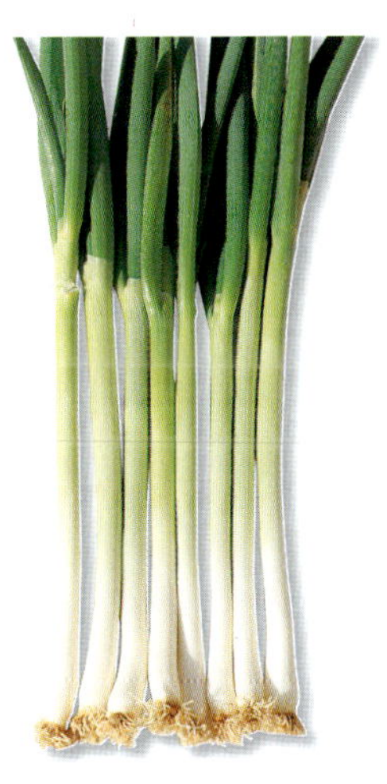

반대이다.

좋은 파는 잎 끝이 시들지 않은 짙은 녹색에 부드럽고 탄력이 있으며 연백부의 육질이 치밀하면서도 살이 오르고 유연하다. 전체적으로 곧고 길며 굵은 것, 분열이 없이 곧은 외대파로서 색상이 일정하고 겉잎을 벗겼을 때 연백부가 깨끗하며 뿌리 부근이 가지런한 것이 좋은 파다.

생강

생강과에 속하는 다년생 초본으로 수분은 86퍼센트 정도이며 무기질을 많이 함유하고 있다. 생강은 특유의 향기와 매운맛이 나는데 매운 것은 진저론이란 성분 때문이며 건위 발한(健胃發汗)에 특효가 있다.

좋은 생강은 크기와 모양이 일정하고 섬유질이 적으며 연하고 싱싱하다. 황토흙에서 재배한 재래종으로 발(붕아)이 6, 7개 정도이고 육질이 단단하고 크며, 발이 굵고 넓으며 껍질이 잘 벗겨지고 고유의 매운맛과 향기가 강한 것이 좋다. 이런 생강은 보통 개당 중량이 재래종은 80그램 이상, 개량종은 150그램 이상이 되는 것이다.

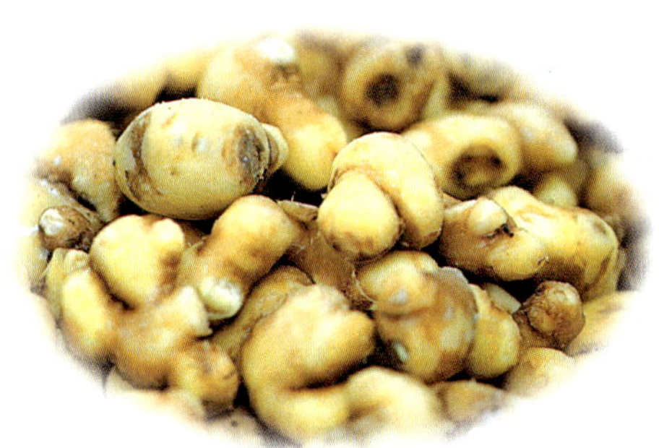

오이

박과에 속하는 자웅이화 작물로 품종에 따라 다르지만 기후와 온도에 민감하다. 주성분은 탄수화물, 펜토산, 페크린 등이며 단백질은 거의 없고 칼륨, 인산이 많이 들어 있다. 영양가는 높지 않으나 미각이

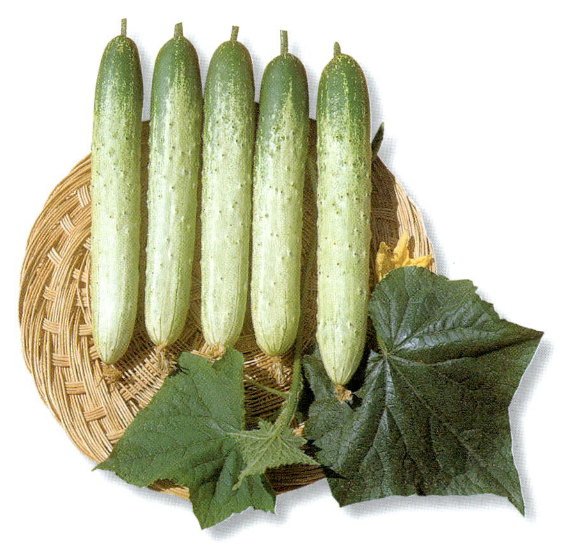

신선하고 독특한 향기가 있어 다른 식품과 조화가 잘되어 광범위하게
사용된다. 특히 여름철의 식욕 부진에 좋다. 오이에는 칼륨과 수분이
많고 쓴맛 성분이 소화를 원활하게 한다.

크기와 모양이 균일하고 처음과 끝의 굵기가 일정하고 곧으며, 색이
선명하고 부드러우면서 싱싱한 것이 좋은 오이이다. 그리고 육질은 단
단하면서 연하고 씨 속이 적고 담백한 맛과 수분 함량이 많아 시원한
맛이 나는 오이가 좋다.

고들빼기

꽃상추과에 딸린 일년생 풀로 잎은 암록색 또는 적자색으로 가장자
리에는 톱니 같은 것이 있어 까실까실하다. 원래 산과 들에 자생하던
것인데 지금은 많이 재배한다. 산이나 들에서 자란 것은 빛깔이 적자색
으로 뿌리가 굵고 길며 잎이 작은 데 비해 재배한 것은 암록색이며 잎

이 크고 뿌리가 가늘며 작다. 고들빼기김치 본래의 쌉쌀한 맛을 내려면
자생한 것이 좋다. 고들빼기는 식욕을 돋울 뿐 아니라 피를 맑게 하고
위를 튼튼하게 하여 몸을 가볍게 하는 건강 식품이다.

갓

겨자과에 속하며 푸른색과 붉은색이 있다. 푸른 갓은 무기질과 비타
민 A, C를 함유하고 있다. 겨울철 녹황색 채소
의 부족을 막기 위해 갓김치를 담가
먹으면 좋다. 붉은 갓은 푸른 갓
보다 냄새가 진하며 고추의
빛깔을 더 진하게 하는 배
추김치에 넣고, 푸른 갓은
동치미나 백김치에 주로
쓴다. 전체적으로 갓은 줄
기가 길고 연하며, 잎이 부
드럽고 윤이 나는 것이 싱싱
하고 좋다.

미나리

미나리과에 속하는 다년초로 줄기를 끊어 심거나 모를 옮겨 심는데
생명력이 상당히 강하다. 습지를 좋아하기 때문에 미나리꽝(대개 마을
근처의 텃물이나 우물물이 괴거나 흐르는 곳에 만든 미나리 심는 논)에
서 가꾼다. 미나리는 비타민이 풍부한 알칼리성 식품으로 혈압 강하,
해열 진정, 일사병 등에 효과가 있다. 미나리는 다른 채소에서 맛보지
못하는 독특한 향미가 있어 김치를 담글 때 곁들여 쓰며, 특히 물김치
에는 빠지지 않는다.

부추

달래과에 속하는 다년생 초본으로 동남 아시아, 중국 서부, 한국, 일본의 산야에 자생하며, 요즈음은 재배종이 많다. 영양가가 높고 독특한 향미가 있으며 소화 작용을 돕는 채소로, 부추의 냄새는 유황 화합물로 마늘과 비슷해서 강장 효과가 인정되고 있다. 통배추김치, 오이소박이 등 다양한 김치의 소로 이용되기도 하고, 부추김치의 주재료로도 이용된다.

젓갈

일종의 저장 발효 식품으로 저장 기간 동안 단백질이 아미노산으로 분해되어 고유의 맛과 향기를 낸다. 생선의 뼈는 분해되어 흡수되기 쉬운 칼슘 상태로 변하고 지방은 저급 지방산으로 변해 젓갈 특유의 맛과 향기를 내게 된다.

양질의 단백질과 칼슘, 지방질의 공급원이기도 한 젓갈은 칼슘 함량

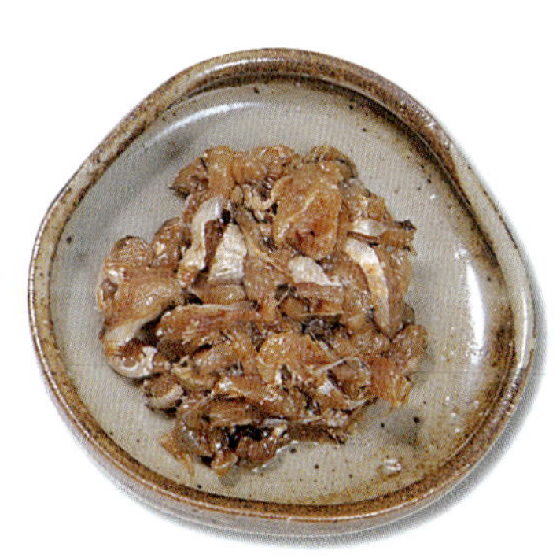
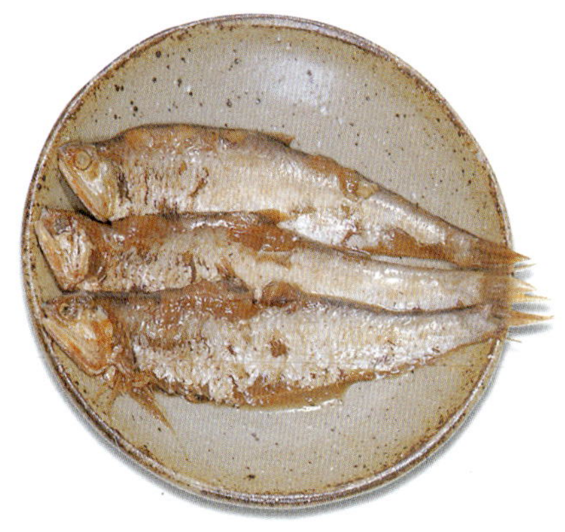

밴댕이젓 양질의 단백질과 칼슘, 지방질의 공급원이기도 한 젓갈은 칼슘 함량이 높은 알칼리성 식품으로 체액을 중화시키는 데 중요한 역할을 한다.

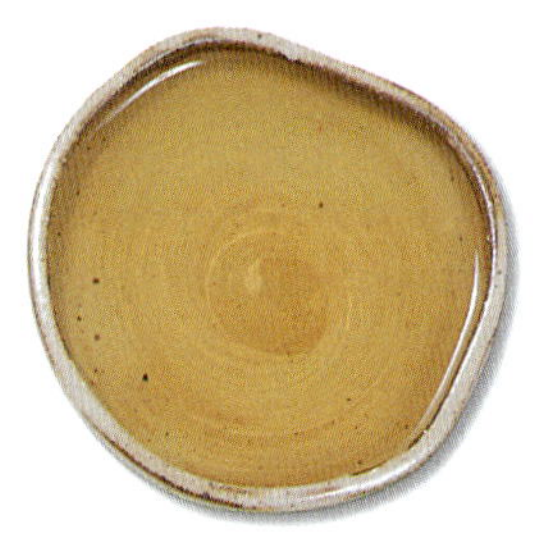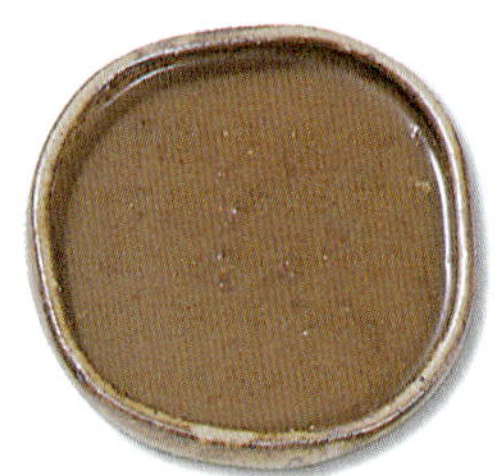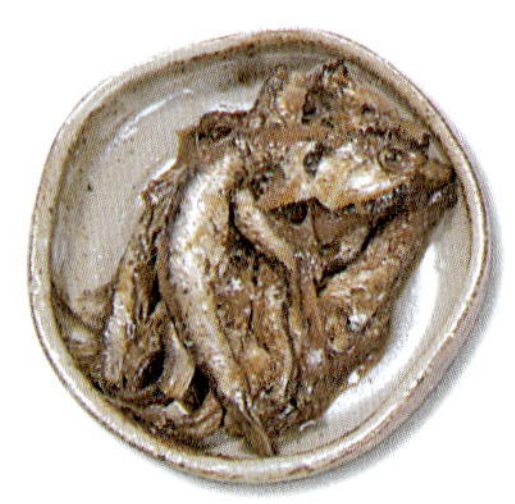

멸치젓과 멸치젓국 생멸치를 2, 3개월 동안 숙성시킨 것은 멸치젓, 6개월 이상 숙성시킨 것을 멸치젓국이라 하며 남해안에서 많이 생산된다.

이 높은 알칼리성 식품으로 체액을 중화시키는 중요한 역할을 한다. 특히 가장 많이 사용하는 새우젓은 지방이 적어 담백한 맛을 주며, 멸치젓은 젓갈류 가운데 지방, 필수 아미노산의 함량과 열량이 가장 높다.

　멸치젓 멸치는 한반도의 남해안에서 많이 생산되며 발효를 위하여 신선한 멸치에 소금을 가하고 숙성시킨다. 생멸치를 2, 3개월 동안 숙성시킨 것은 멸치젓, 6개월 이상 숙성시킨 것을 멸치젓국이라 한다.

　신선한 멸치를 깨끗이 씻은 후 15~20퍼센트의 소금을 뿌려 항아리에 저장한다. 멸치를 넣은 다음 1센티미터 높이의 소금으로 잘 덮고 15~20도에서 2, 3개월 동안 숙성시킨다. 김치에 이용되는 멸치젓국은 6개월 이상 숙성시킨 후 갈아서 거르고, 액을 달여서 저장한다.

　갈치젓 갈치젓은 갈치를 통째로 염

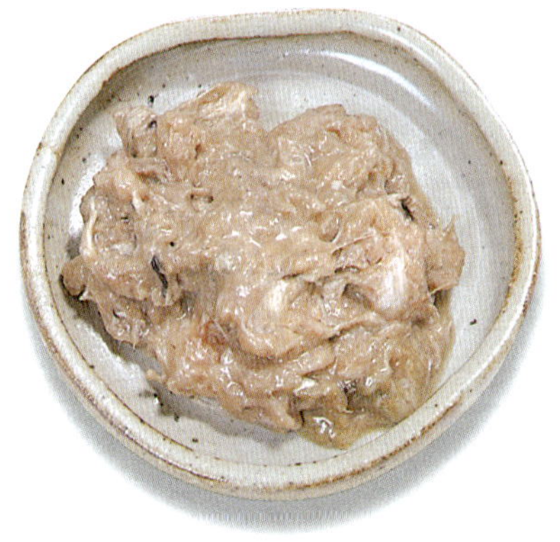

갈치속젓 갈치를 씻어 내장을 제거하고 그늘에서 2, 3개월 숙성시킨다.

장하는데 2, 3개월 숙성시킨 갈치젓과 일년 이상 숙성시킨 갈치젓국이 있다. 갈치젓국은 짙은 밤색을 띠고 김치 발효에 주로 이용된다. 갈치를 씻어 내장을 제거한 전 부위를 원료로 하여 20~25퍼센트 정도의 소금을 아가미와 복강 부위에 넣고 항아리에 재어 담는다. 윗부분을 소금으로 1센티미터 두께로 덮어 돌로 눌러서 2, 3개월 동안 그늘에서 숙성시킨다. 김치를 담글 때 생갈치를 넣어 함께 숙성시키기도 한다.

새우젓 가장 많이 이용되는 젓갈이다. 우리나라 식품 조리에 중요한 재료로 김치 외에 맑은 조치(찌게)에도 쓰이고 반찬으로도 이용된다. 새우젓은 김치의 맛과 향기를 낸다. 새우젓은 서해안에서 주로 생산되며 5월에 나는 오젓, 6월에 나는 육젓, 가을에 나는 추젓, 2월에 나는 동백하젓이 있다. 새우를 15퍼센트의 소금으로 혼합해 넣고 1센티미터의 소금으로 덮어 15~20도에서 2, 3개월 숙성시킨다.

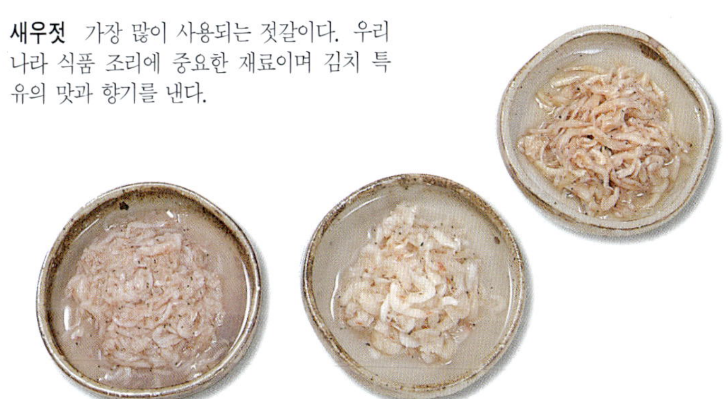

새우젓 가장 많이 사용되는 젓갈이다. 우리나라 식품 조리에 중요한 재료이며 김치 특유의 맛과 향기를 낸다.

조기젓 조기를 통째로 염장, 숙성시켜 만든다. 10~30센티미터 길이의 조기는 우리나라 서해안의 중요한 수산 자원이다. 2, 3개월 숙성

시키면 고기의 형태가 어느 정도 남은 조기젓이 되고, 일년 이상 숙성
시키면 조기젓국이 된다.

조기젓은 독특한 비릿한 냄새와 구수한 뒷맛이 특징이다. 여러 가지
양념으로 조미하여 반찬으로 이용되며, 조기젓국은 어장(魚醬)으로 주
로 김치를 담글 때 사용한다. 신선한 조기를 선택하여 씻고 항아리에
넣어 20퍼센트의 소금으로 1센티미터 높이로 덮고 밀봉한다. 조기젓국
을 15~20도의 어두운 곳에서 일년 이상 숙성시켜야 제대로 맛이 난다.
황석어젓(황새기젓)은 조기젓과 같은 방법으로 담그며 조기젓 대신 이
용되기도 한다.

굴

연안의 간조선 주위 고형물에 부착해서 서식하는 굴은 수온에 대한
적응성이 강하기 때문에 함경북도에서 제주도까지 우리나라 전역에 서
식한다. 바다의 우유라고 불리는 굴은 칼슘, 철분 등 조혈 성분이 풍부
해서 어린이 발육과 허약 체질 개선에 좋다. 뿐만 아니라 저칼로리 식품
으로 비만증을 막아 주고 특히 글리코겐, 비타민과 필수 아미노산이 골
고루 함유되어 심장병, 고혈압, 변비, 당뇨병 등을 예방 치료하는 데 탁
월한 효과가 있다. 유연한 조직이 특징인 굴은 예로부터 어린이와 노약
자들의 보양제로 널리 애용되어 왔고 우유, 달걀과 함께 완전 식품이라
고 한다.

낙지

싱싱하고 시원한 맛을 내기 위해 사용한다. 젓갈이나 해산물과 섞어
사용하여도 잘 어울리며 제 맛을 잃지 않는 게 특징이다. 국물이 넉넉
한 무김치나 백김치에 주로 쓰인다. 낙지는 다리에 흡반이 정확히 붙어
있고 빨아당기는 듯한 느낌이 강한 것이 싱싱하다.

일반적인 김치 담그기

김치는 김장김치와 계절별 김치 두 종류로 크게 나눌 수 있다. 김장김치는 통배추김치, 통무김치, 총각김치 그리고 깍두기를 포함한다. 김장김치는 초겨울에 준비하여 햇채소가 날 때까지 먹는다. 그러나 최근에는 농업 기술이 발전하여 야채들을 일년 내내 먹을 수 있기 때문에 더 이상 겨울을 나기 위하여 많은 양의 김치를 필요로 하지 않게 되었다.

그러나 아직은 제철 야채를 이용한 다양한 계절 김치가 존재한다. 봄에는 어린 배추와 무를 썰어 넣은 김치가 입맛을 새롭게 한다. 오이소박이, 열무김치는 여름에 인기 있는 김치이고 가을에는 통배추김치, 깍두기, 총각김치가 인기이다.

배추김치

배추를 소금에 절이는 것은 먼저 배추의 수분을 적당하게 방출시켜 양념이 잘 밸 수 있는 조건을 만들고 저장하면서 배추가 물러 변질되는 것을 막기 위함이다. 또한 알맞게 절이면 소금에 있는 마그네슘이나 칼슘이 배추의 펙틴과 결합하여 아삭아삭한 맛이 더한다. 그러나 지나치게 절이면 짜기만 하고 비타민 C 등의 수용성 성분과 당분이 많이 빠지고 양념이 잘 스며들지 않아 맛이 좋지 않다. 배추는 15퍼센트의 소금물에서 5, 6시간 절이는 것이 적당하다.

소금은 김치에서 매우 중요한 역할을 한다. 김치를 잘 담그려면 원료의 보존과 조미가 중요한데 여기에 가장 큰 역할을 하는 것이 바로 소금이다. 예로부터 인간의 생명을 유지하는 데 필요불가결한 물질이며 절임뿐만 아니라 요리에 없어서는 안 되는 매우 중요한 조미료였다. 김치에 쓰인다. 천일염(호렴, 굵은 소금)과 정제염(고운 소금)이 주로 쓰이며 무, 배추 등의 재료를 절일 때는 굵은 소금을, 조미할 때는 고운 소금을 사용한다.

　김치를 담글 때 중요한 것은 씹을 때 아삭아삭 씹히는 맛이다. 이 조직감은 배추의 펙틴 성분 때문인데 이 맛을 남기기 위해 소금에 절인다. 푸른 채소에 소금을 첨가하면 싱싱하던 채소에서 수분이 배출되어 연해진다. 소금뿐만 아니라 절일 때 사용되는 양념류도 많든 적든 간에 채소의 수분을 침출시켜 조미료의 성분과 채소에 있던 수분을 교환한다. 김치는 소금의 이러한 성질을 잘 이용하여 맛을 낸다.

　김치에는 조기젓, 새우젓, 멸치젓, 황새기젓 등이 보편적으로 사용된다. 추운 고장에서는 깨끗하게 잘 삭은 날젓국을 그대로 써서 젓갈의 효소 작용으로 김치의 맛을 향긋하게 할 수 있으나 더운 고장에서는 반드시 달인 다음 밭여 써야 한다.

　김치는 4, 5도 전후의 저온에서 저장할 때 가장 맛이 좋다. 온도가 높아 빨리 익으면 유기산의 생성이 적고 발효 작용 등이 제대로 이루어지지 않아 맛이 없다. 발효나 저장하는 동안에는 같은 온도를 유지하고 김치 보관 중에는 꼭 눌러서 국물 안에 잠기도록 하여야 변질되지 않는다.

　가장 보편적인 김치는 배추를 통째로 가른 후 소금에 절여 잎 사이에 무채 양념을 채운 포기김치로 김장김치로 많이 담근다. 지방에 따라 소로 넣는 젓갈의 종류와 양념이 달라 저마다의 특색을 지닌다. 남쪽 지방은 멸치젓을 주로 써 맵고 짜게 하는 편이고 추운 북쪽 지방은 젓갈과 고춧가루를 많이 쓰지 않아 담백하고 매운맛이 덜하며 소에 배, 밤 등의 과실을 넣기도 한다. 배춧잎으로 잘 감싼 배추김치를 한 켜 놓고 사이에 무를 큼직하게 썰어서 소금, 고춧가루로 버무려 켜켜이 넣어 담그면 시원하다.

　배추김치의 맛은 주원료인 배추가 좌우한다. 배추는 2.5킬로그램 정도의 적당한 크기에 통이 단단하고 배춧잎의 색이 짙고 많으며 흰 줄기가 넓고 엷은 것이 좋다. 배추김치에 사용되는 원료의 배합 비율은 지역마다 집집마다, 사람의 기호에 따라 매우 다양한데 일반적인 배추김치의 배합은 배추를 100으로 할 때 무 10퍼센트, 파 1퍼센트, 고춧가루 2~3퍼센트, 마늘 1~1.5퍼센트, 생강 0.5퍼센트, 젓국 2퍼센트, 소금 2~3퍼센트 정도이다. 배추김치를 기본으로 여러 가지 김치를 담가 보자.

재료 배추, 무, 갓, 미나리, 실파, 대파, 청각, 마늘, 생강, 굴, 새우젓, 조기젓, 고춧가루, 실고추, 소금, 설탕.

만드는 법 배추는 다듬어 밑동 부분에 칼집을 넣어 양쪽으로 쪼갠

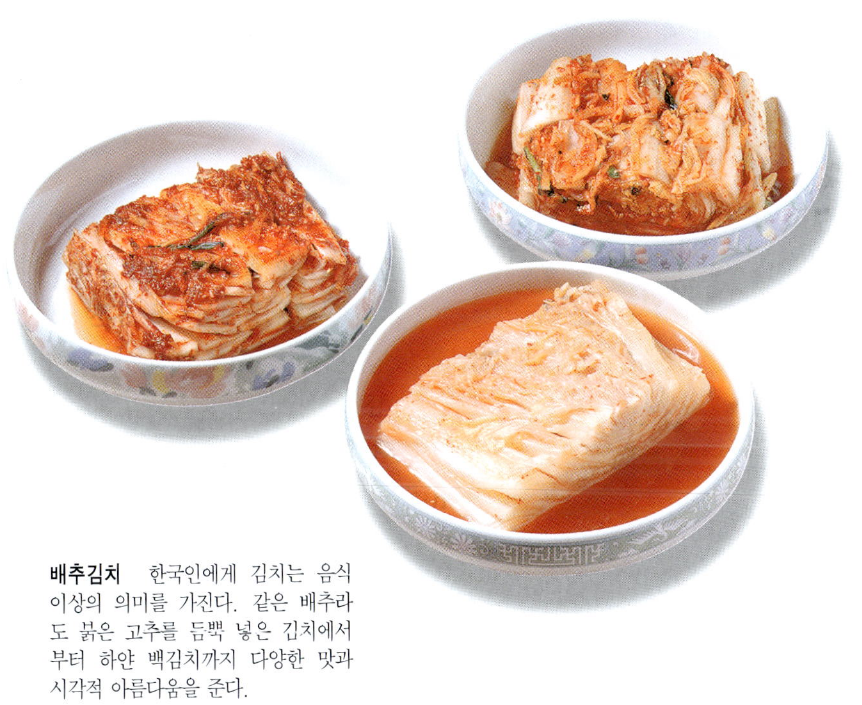

배추김치 한국인에게 김치는 음식 이상의 의미를 가진다. 같은 배추라도 붉은 고추를 듬뿍 넣은 김치에서부터 하얀 백김치까지 다양한 맛과 시각적 아름다움을 준다.

배추김치 담그기

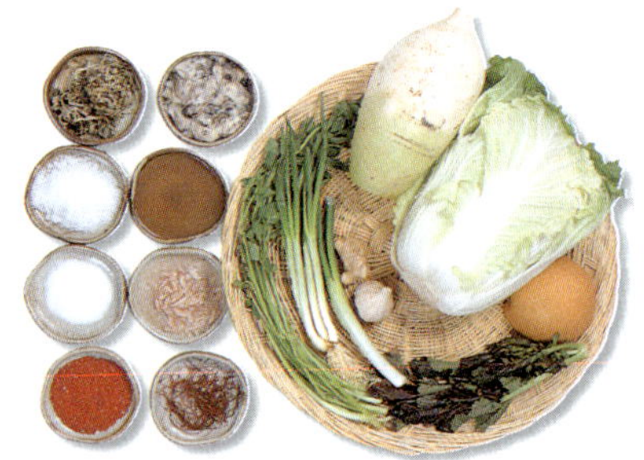

배추김치의 재료

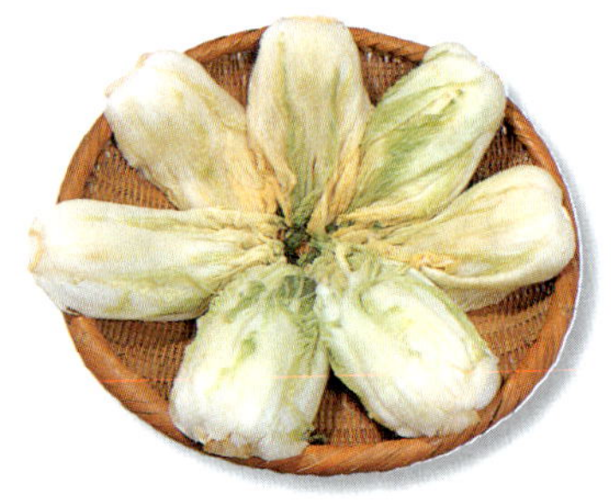

①절여진 배추를 헹구어 건져 둔다.

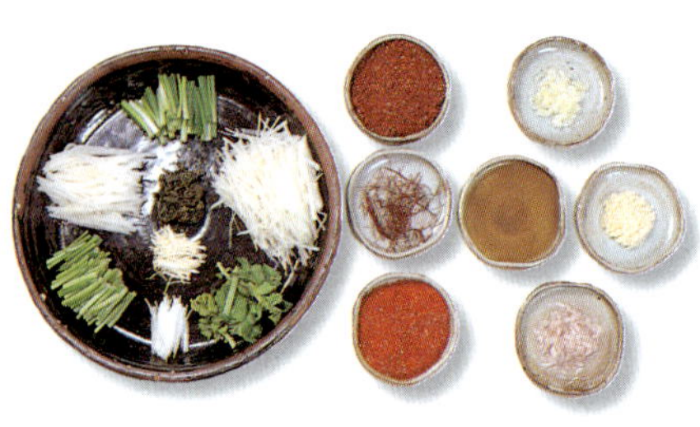

②무는 채를 치고 부재료는 같은 길이로 썰고 양념을 준비한다.

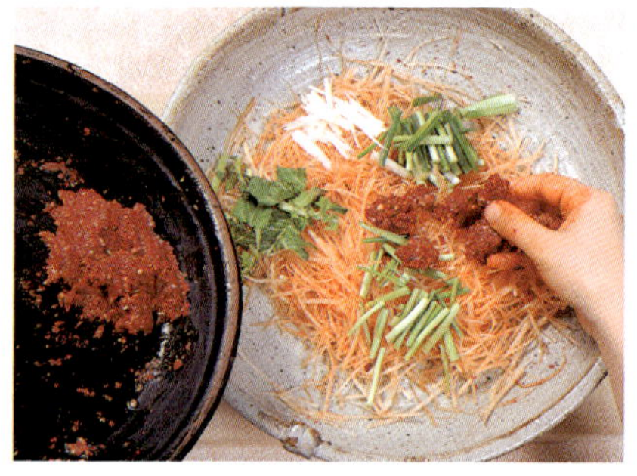

③고춧물 들인 채친 무와 양념을 버무려 소를 만든다.

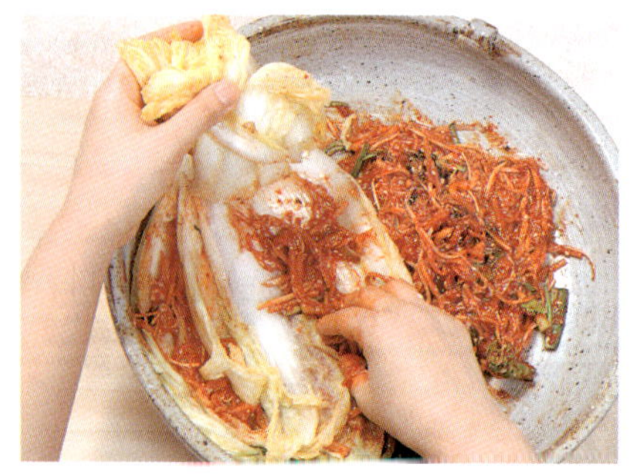

④건져 둔 배추 밑동을 다듬은 후 준비한 양념소를 배춧잎을 들추면서 한 켜씩 넣는다.

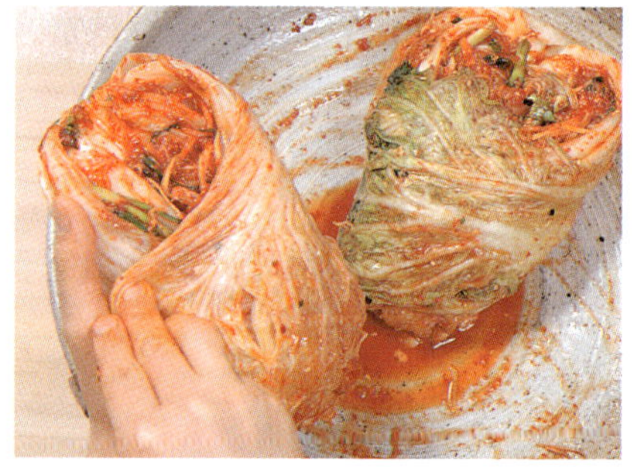

⑤소를 넣은 배추를 소가 흩어지지 않도록 잘 싸서 그릇에 차곡차곡 담는다.

다. 물에 소금의 5배를 넣고 소금물을 만든다. 배추를 소금물에 5, 6시간 절였다가 깨끗이 씻어 물기를 뺀다. 무, 파, 갓, 청각을 다듬어 씻고 미나리는 다듬어 물에 담가 둔다. 무는 채를 썰고 실파, 대파, 갓, 미나리, 청각은 5센티미터 길이로 썬다. 채친 무에 고춧가루를 넣고 물을 들이고 잘 섞은 다음 새우젓, 미나리, 갓, 파, 청각, 다진 마늘, 다진 생강, 실고추 등을 넣고 골고루 섞이도록 버무린다. 모자라는 간은 소금으로 맞추고 설탕을 조금 넣는다.

씻어서 건져 둔 배추의 밑동을 칼로 다듬은 후 만들어 둔 양념 소를 배춧잎을 들추면서 한 켜씩 넣는다. 소를 넣은 배추를 겉잎으로 잘 싸서 그릇에 차곡차곡 담는다.

쌈김치

배추를 절여서 네모지게 썰고 무를 납작하게 썰어 절여서 석이, 표고버섯과 과실류와 수산물 등 갖은 재료를 합하여 버무려서 보시기에 배춧잎을 깔고 하나씩 보자기처럼 싸서 익혀 맛을 낸 호화로운 김치이다. 흔히 보쌈김치라고 하며 경기도 개성의 명물 김치이다.

재료 배추, 무, 갓, 미나리, 전복, 낙지, 굴, 표고버섯, 석이버섯, 밤, 잣, 배, 조기젓 또는 황석어젓, 새우젓 실고추, 실파, 대파, 마늘, 생강, 고춧가루, 소금.

만드는 법 배추는 잎이 넓고 많은 것으로 골라 썬 다음 소금물에 절여 깨끗이 씻어 물을 뺀다. 무, 배는 채를 썰고, 나머지는 가로 세로 3센티미터로 얄팍얄팍 네모지게 썬다. 갓, 미나리, 실파는 깨끗이 씻어 물기를 뺀 뒤에 줄기만 3센티미터 길이로 썰고 밤도 반은 채 썰고 반은 납작하게 썬다. 전복은 잘 손질해서 얇게 저미고 낙지는 껍질을 벗겨 3센티미터 길이로 썰고, 굴은 소금물에 잘 씻어 둔다. 표고버섯과 석이버섯은 잘 손질하여 납작하게 썰고 잣은 꼬깔을 떼어 손질한

쌈김치 담그기

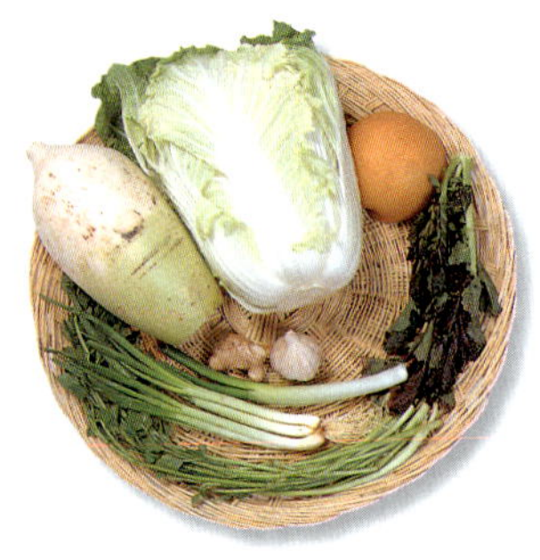

쌈김치의 재료

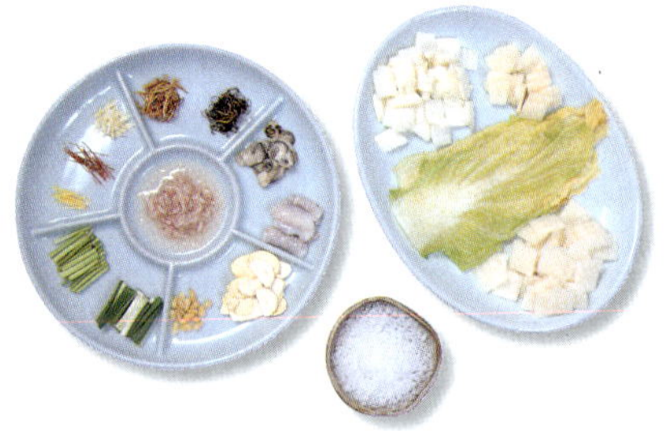

① 양념과 낙지, 굴, 전복을 손질하여 준비한다.

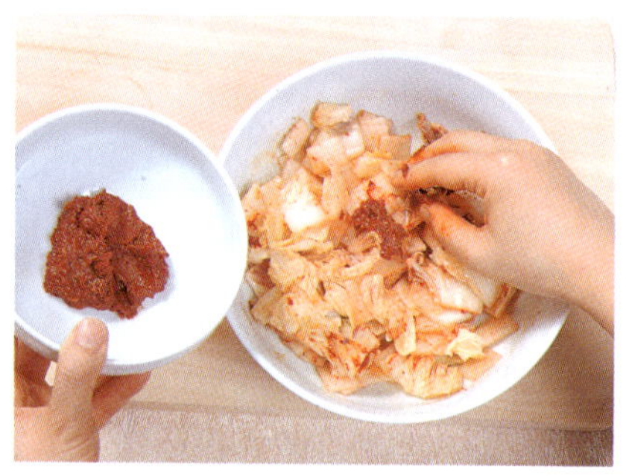

② 절인 배추와 고춧가루를 넣고 무채와 갓, 미나리, 전복 등에 젓을 넣고 양념을 잘 버무린다.

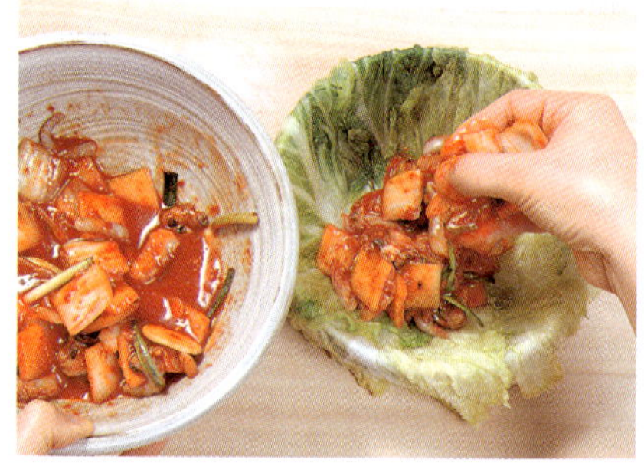

③ 보시기에 큰 잎을 펼치고 양념에 버무린 섞박지를 소담스럽게 담는다.

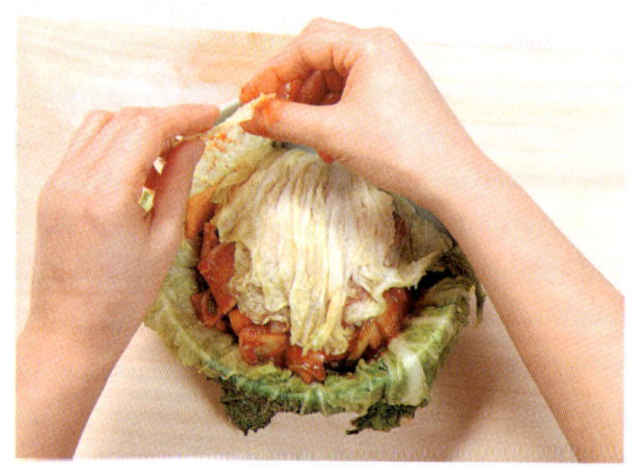

④ 전복, 밤, 표고버섯, 석이버섯, 잣을 보기 좋게 얹고 속잎으로 싼 다음 겉잎으로 다시 싼다.

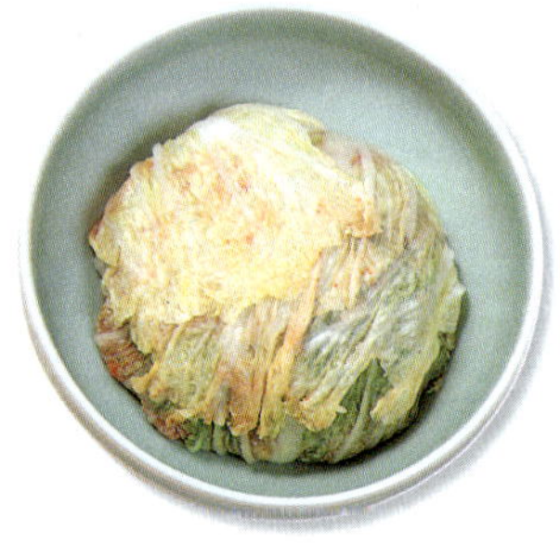

⑤ 항아리에 쌈김치를 담은 후 돌로 눌러 둔다. 2, 3일 후에 새우젓국으로 간을 맞춘다.

다. 파의 흰 부분은 3센티미터 길이로 채 썰고, 실고추도 3센티미터 길이로 썬다.

무채에 고춧가루를 넣고 물을 들인 다음 다진 마늘, 생강을 넣고 버무려 갓, 미나리, 파, 배채, 밤채, 다진 새우젓과 황석어젓을 넣고 섞어서 소를 만든다. 전복, 낙지에도 새우젓을 조금 넣고 버무리고 썰어 둔 무도 다진 마늘, 생강, 고춧가루를 넣어 버무려 섞박지를 만든다.

절인 배추는 큰 잎을 떼어내고 잎사귀로 쌈을 쌀 준비를 한다. 김치 보시기에 큰 잎을 펼치고 한가운데 섞박지를 소담스럽게 담고 그 위에 납작하게 썬 배, 무, 낙지, 굴 등도 골고루 넣는다. 그 위에 전복, 밤, 표고버섯, 석이버섯, 잣을 보기 좋게 얹고 속잎으로 싼 다음 겉잎으로 다시 싼다. 항아리에 싼 배추를 담은 후 돌로 누른다. 2, 3일 후에 새우젓국으로 간을 맞추거나 양지머리를 삶아 기름을 제거하고 그 국물을 붓기도 한다.

백김치

고춧가루를 넣지 않고 무채에 배, 밤, 대추, 석이버섯, 표고버섯 등의 소를 배춧잎의 사이사이에 채워서 국물을 넉넉히 부어 익힌 김치이다. 추운 북쪽 지방에서 즐겨 담가 먹는다.

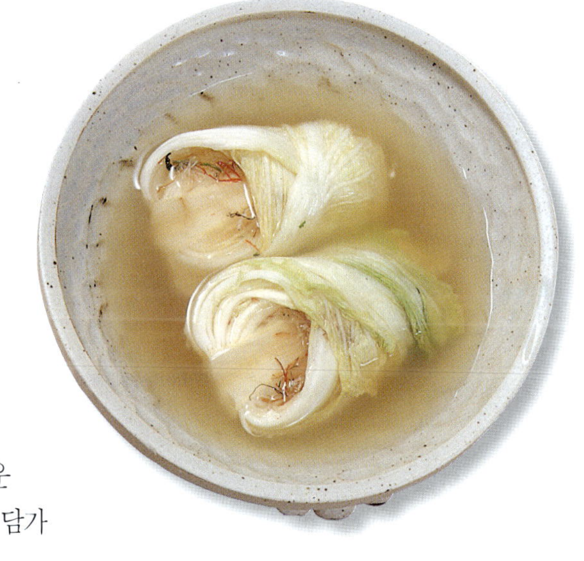

백김치 추운 지방 김치로 고춧가루를 넣지 않고 흰색 소를 배춧잎의 사이사이에 채워서 국물을 넉넉히 부어 익힌다.

재료 배추, 무, 배, 미나리, 갓, 청각, 밤, 생강, 파, 마늘, 실고추, 맑은 새우젓국, 소금, 고추 삭힌 것.

만드는 법 배추는 살짝 절여서 깨끗이 씻어 물기를 뺀다. 맑은 새우젓국에 생강, 밤, 파, 마늘 등 양념을 넣고 미나리 줄기와 갓, 청각을 깨끗이 씻어 넣은 후 배추의 사이사이에 넣고 큰 잎으로 폭 싸서 두거나 미나리 줄기로 동여맨다. 무는 길이로 밑동을 붙인 채로 5, 6쪽으로 썰어 둔다. 배추 사이에 삭힌 고추와 무를 곁들여 담고 우거지로 덮은 후 돌로 누른다. 소금물을 부어 간을 맞춘다.

총각김치

무청이 달린 총각무를 절여 멸치젓과 고춧가루를 많이 넣어 맵고 진한 맛이 나게 한 젓국김치이다. 김장 때 배추김치보다 먼저 담가 먹는다. 총각무는 알타리무라고도 하며 무청이 파랗고 무에 심이 없고 단단

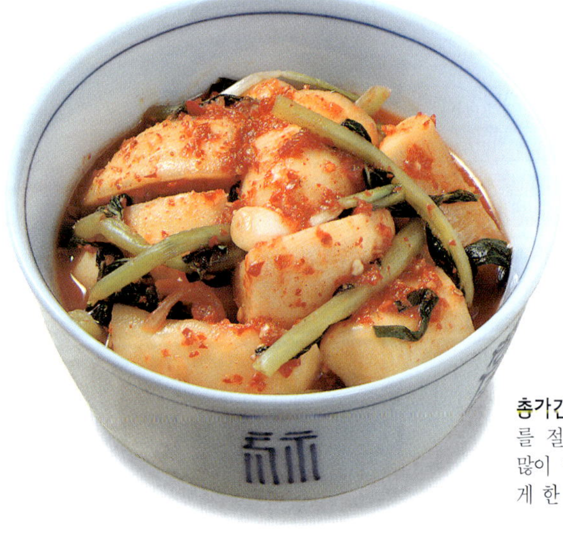

총가김치 무청이 달린 총각무를 절여 멸치젓과 고춧가루를 많이 넣어 맵고 진한 맛이 나게 한 젓국김치이다.

한 것을 선택한다.

재료 무, 소금, 고춧가루, 새우젓, 파, 마늘, 생강, 설탕, 찹쌀가루.

만드는 법 연하고 작은 총각무를 다듬고 깨끗이 씻어 소금에 절인 뒤 건져서 물기를 빼 놓고 채 썬 파와 마늘, 생강, 새우젓을 다지고 설탕을 조금 넣어 간을 맞춘다. 찹쌀가루로 풀을 쑨 다음 식혀 고춧가루에 준비한 다른 모든 양념을 넣어 버무리고 총각무를 넣어 잘 섞는다.

섞박지

배추와 무를 네모지고 얇게 썰어 절인 후 여러 가지 양념과 굴, 낙지, 조기젓국으로 고루 버무린 김치이다. 통김치가 익기 전에 먹는 지레김치로 애용한다.

재료 배추, 무, 미나리, 실파, 마늘, 생강, 고춧가루, 실고추, 조기젓국, 소금.

만드는 법 배추는 손질하여 깨끗이 씻어 길이 5센티미터로 잘라 소금에 3, 4시간 절였다가 헹궈 물기를 뺀다. 무는 가로 3센티미터, 세로 4센티미터, 두께 0.5센티미터 정도로 도톰하게 썬다. 미나리와 실파도 깨끗이 손질하여 5센티미터 길이로 썬다. 마늘, 생강은 각각 채로 썬다. 배추와 무에 마늘, 생강, 고춧가루를 넣어 버무리다가 조기젓국, 실파, 미나리, 실고추, 소금을 넣고 함께 버무려 항아리에 담는다. 그 위에 절인 우거지를 김치 버무린 그릇에 넣어 무친 후 덮는다.

깍두기

깍뚝썰기로 썬 무를 양념을 많이 넣어 버무린 김치이다. 무에 실파, 미나리 또는 연한 무청이나 배추 속대를 섞어서 담그기도 한다.

재료 무, 미나리, 고춧가루, 새우젓, 마늘, 실파, 생강, 소금, 설탕.

만드는 법 무는 깨끗이 씻어 깍둑깍둑 썰어 소금에 절이고 미나리

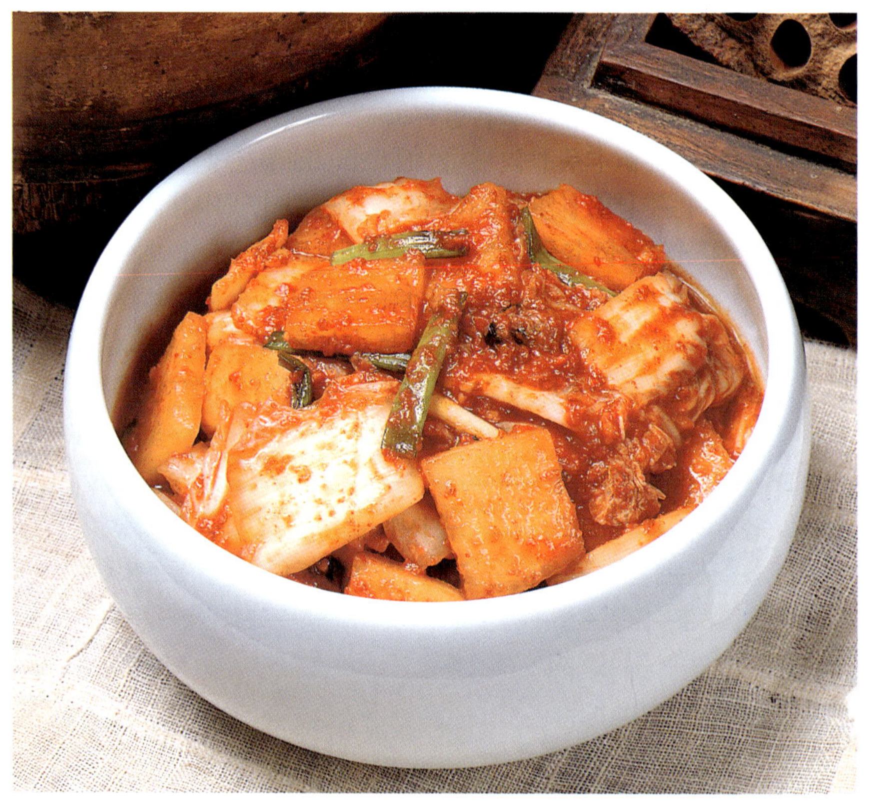

섞박지 절인 배추와 도톰하게 썬 무를 여러 가지 양념과 굴, 낙지, 조기젓국으로 고루 버무린 김치이다.

는 줄기만 다듬어 깨끗이 씻은 다음 4센티미터 길이로 썰어 놓는다. 무에 고춧가루를 넣어 먼저 버무리다가 다진 새우젓, 다진 마늘, 생강, 채친 파, 설탕을 약간 넣고 잘 버무려 소금으로 간을 맞춘 다음 그릇에 담는다.

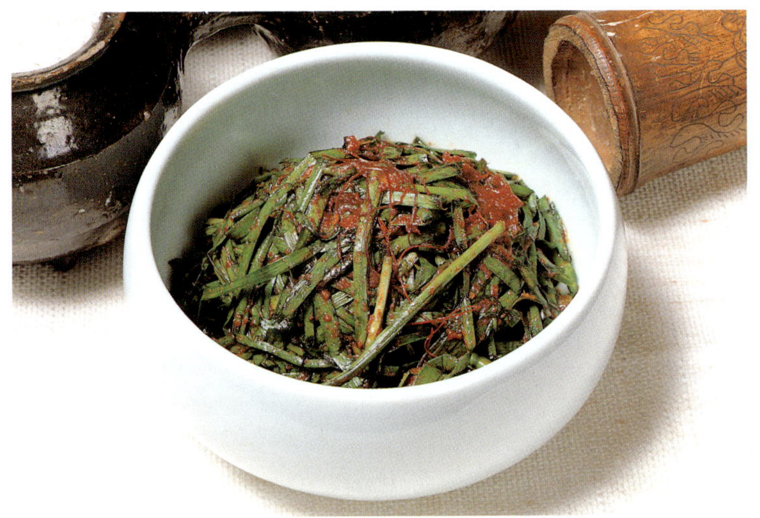

부추김치 부추를 멸치젓으로 절여서 고춧가루를 넉넉히 넣은 경상도식 김치이다. 부추는 위장을 튼튼하게 하며 강장 효과를 가지고 있어 약용으로도 쓰인다.

부추김치

멸치젓으로 절여서 고춧가루를 넉넉히 넣은 경상도식 김치이다.

재료 부추, 마늘, 소금, 멸치젓국, 고춧가루.

만드는 법 부추는 싱싱하고 통통한 것으로 준비하여 잘 다듬고 깨끗이 씻어서 소금에 절여 둔다. 멸치젓은 잘 달여서 식힌 다음 고춧가루와 곱게 다진 마늘에 버무린다. 여기에 절인 부추를 넣어 다시 살짝 버무려 항아리에 꼭꼭 다져 넣는다. 맨 위에 소금, 고춧가루로 알맞게 간을 하여 잘 익힌다.

오이소박이

연한 오이를 토막내어 칼집을 넣고 절인 후 소를 채워 익힌 여름철의

오이소박이 담그기

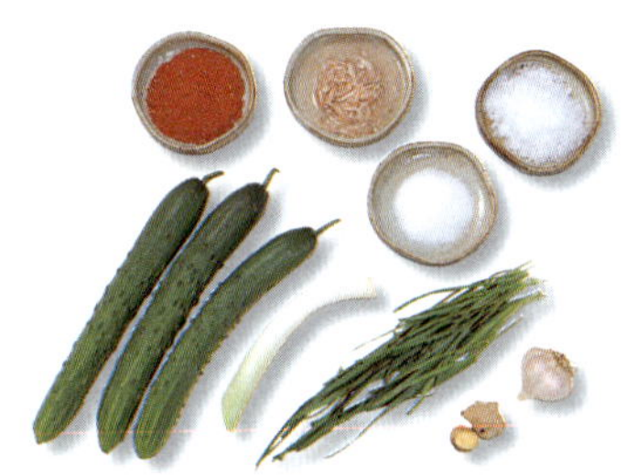

오이소박이 재료

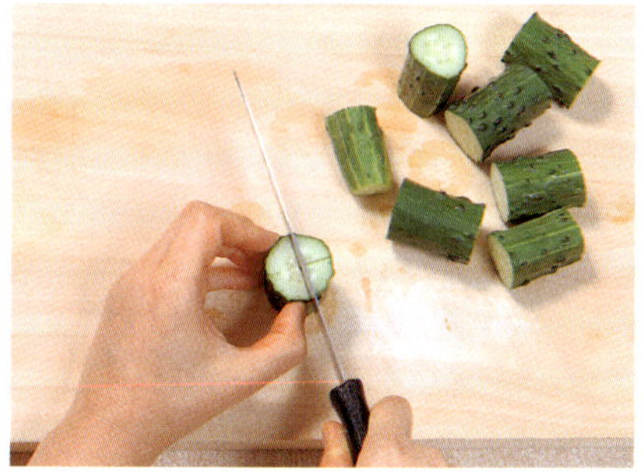

① 오이는 세워 열십자로 칼집을 넣거나 세 면에
칼집을 넣는다.

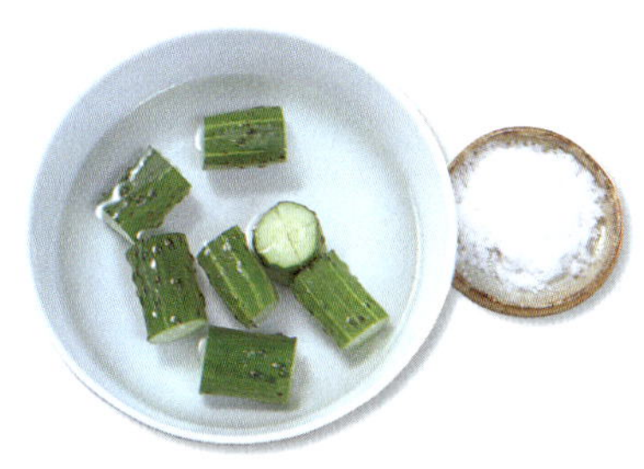

②칼집을 넣은 오이를 소금물에 절인다.

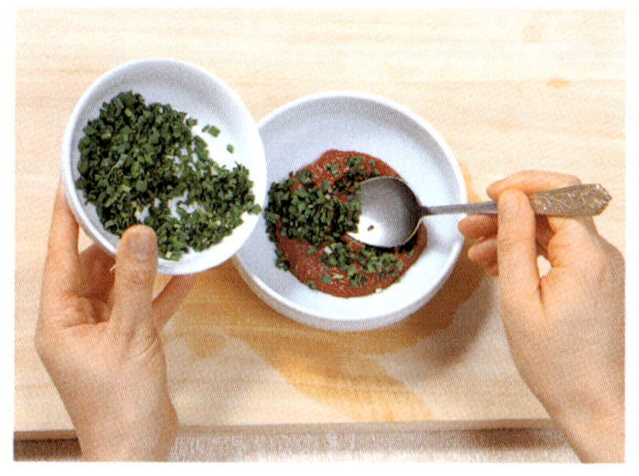

③ 부추에 잘게 썬 양념과 젓갈을 넣고 골고루 버
무려 소를 준비한다.

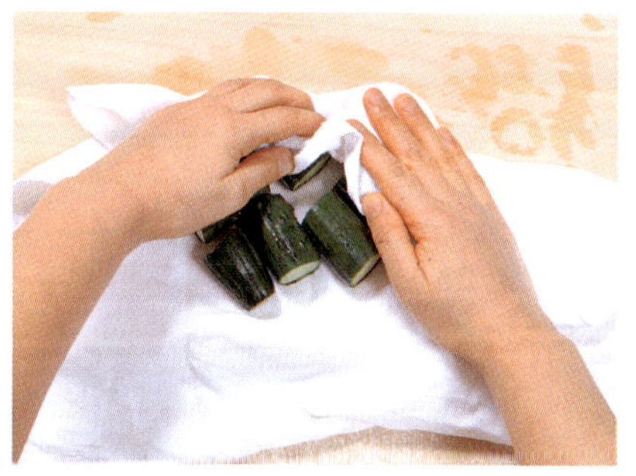

④충분히 절여진 오이를 건진 다음 행주로 눌러
물기를 뺀다.

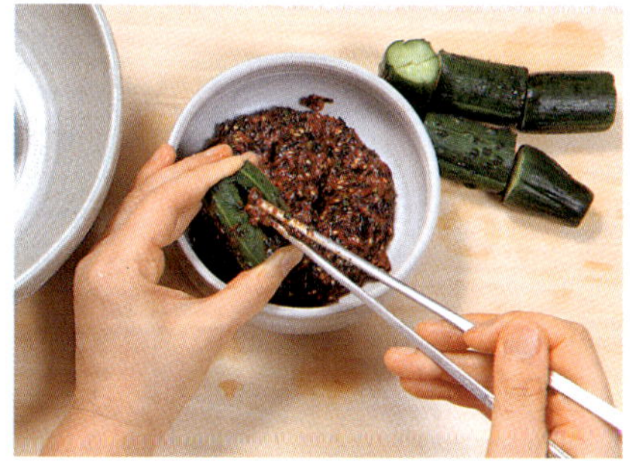

⑤칼집 사이에 준비한 소를 채워 넣고 항아리에
차곡차곡 담아 그 위에 소금물을 붓는다

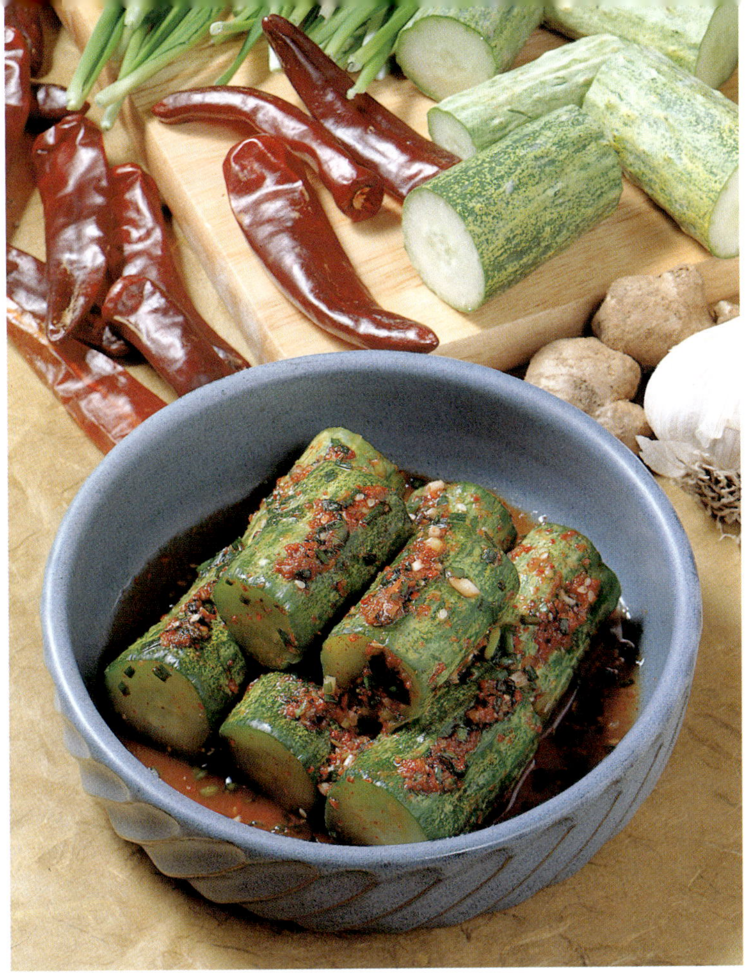

오이소박이 연한 오이를 토막내어 칼집을 넣고 절인 후 소를 채운 다음 항아리에 차곡차곡 담아 소금물을 붓고 익힌 여름철의 별미 김치이다.

별미 김치이다. 오이의 상큼한 향기와 아작아작 씹히는 맛이 좋고 국물도 시원하다. 오이는 껍질이 연한 재래종으로 단면이 삼각형이고 가는 것이 좋다.

　재료 오이, 부추, 파, 마늘, 생강, 고춧가루, 설탕, 소금.

　만드는 법 오이는 껍질을 소금으로 문질러 씻어 길이 5센티미터로

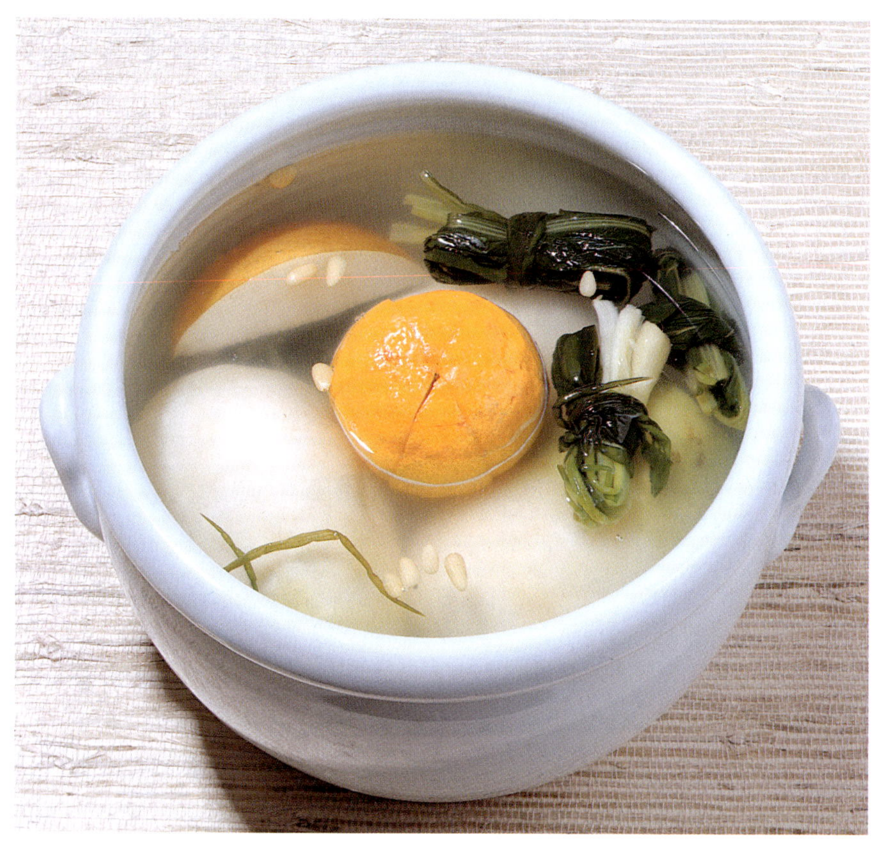

동치미 무를 넉넉히 넣고 배와 삭힌 고추, 청각 등을 넣어 익힌 김치로 국물이 시원하여
겨울철에는 국물에 냉면을 말아먹는다. 전라도에서는 동치미에 유자를 넣기도 한다.

자른 후 세워서 열십자로 칼집을 넣거나 세 면에 칼집을 넣는다. 자른 오이를 소금물에 절인다. 부추는 다듬어서 1센티미터 길이로 썰고 파, 마늘, 생강은 곱게 다진다. 부추에 다진 양념과 고춧가루, 설탕, 소금을 넣고 고루 버무려 소를 만든다. 오이가 충분히 절여졌으면 씻어 건진 다음 행주에 싸서 눌러 물기를 뺀다. 오이의 칼집 사이에 준비한 소를 채워 넣고 항아리에 차곡차곡 담아 그 위에 소금물을 붓는다.

동치미

동치미무를 넉넉히 넣고 배와 삭힌 고추, 청각 등을 넣어 익혀서 만든다. 국물이 시원하여 겨울철에 많이 담그는 물김치로 우리나라 사람들이 즐기는 김치이다. 동치미는 낮은 온도에서 서서히 익힌 것이 맑고 시원하다.

재료 동치미무, 삭힌 풋고추, 마늘, 실파, 생강, 청각, 소금.

만드는 법 무는 무청을 잘라내고 깨끗이 씻어 소금에 굴려 2일 정도 절인 다음 건진다. 무를 절였던 물에 물이 18배인 소금물을 넣고 간을 맞춘다. 마늘과 생강은 껍질을 벗겨 씻은 후 얇게 저며 베주머니에 싼다. 그릇에 무와 실파를 켜켜이 담고 베주머니에 싼 마늘과 생강도 중앙에 담는다. 삭힌 풋고추와 씻어 둔 청각을 넣고 위를 꼭꼭 눌러 덮는다. 그 위에 돌을 얹어 누른 다음 만들어 둔 소금물을 붓는다.

열무김치

여름철의 연한 열무로 국물을 넉넉히 하여 만든 시원한 김치로 밀가루나 찹쌀가루풀을 넣으면 국물이 더욱 맛있다.

재료 열무, 오이, 붉은 고추, 풋고추, 파, 마늘, 생강, 소금, 밀가루, 물.

만드는 법 열무는 7센티미터 길이로 썰어 소금에 절인 후 물에 헹

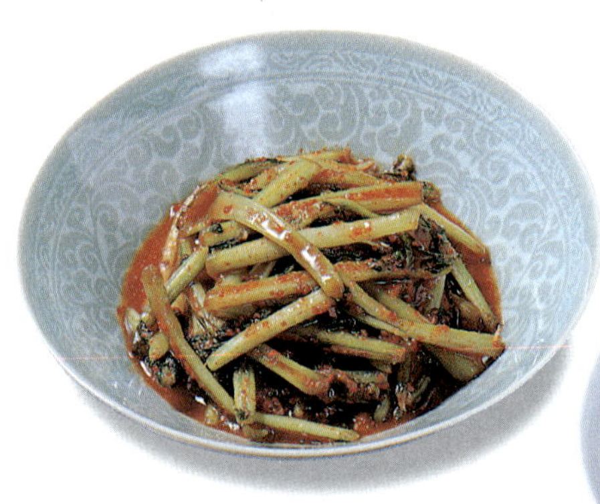

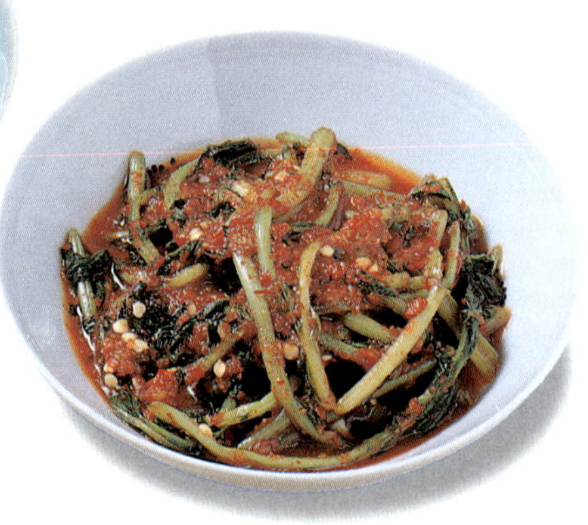

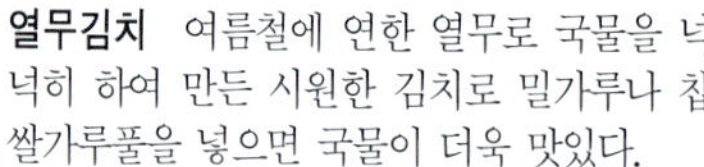
열무김치 여름철에 연한 열무로 국물을 넉넉히 하여 만든 시원한 김치로 밀가루나 찹쌀가루풀을 넣으면 국물이 더욱 맛있다.

구어 건진다. 생강과 마늘은 곱게 다지고, 파는 4센티미터 길이로 썬다. 찹쌀가루는 풀을 쑨다. 고춧가루에 찹쌀가루풀, 새우젓, 다진 마늘, 생강, 파, 통깨를 넣어 양념 젓국을 만들어 열무와 함께 버무린다.

나박김치

무와 배추 속대를 얄팍하게 나박썰고 양념은 채를 썬다. 소금물을 끓인 후 미지근하게 식혀서 부으면 하루만에 속성으로 익힐 수 있다.

재료 배추, 무, 미나리, 오이, 파, 마늘, 생강, 실고추, 고춧가루. 국물—소금, 물, 설탕.

만드는 법 배추는 한 잎씩 떼어 길이 3.5센티미터, 너비 3센티미터의 실이로 썰고 무는 단단한 것으로 골라 씻어 배추보다 약간 작고 얇게 썬다. 미나리는 잘 다듬어 씻은 후 줄기만 3.5센티미터 길이로, 파

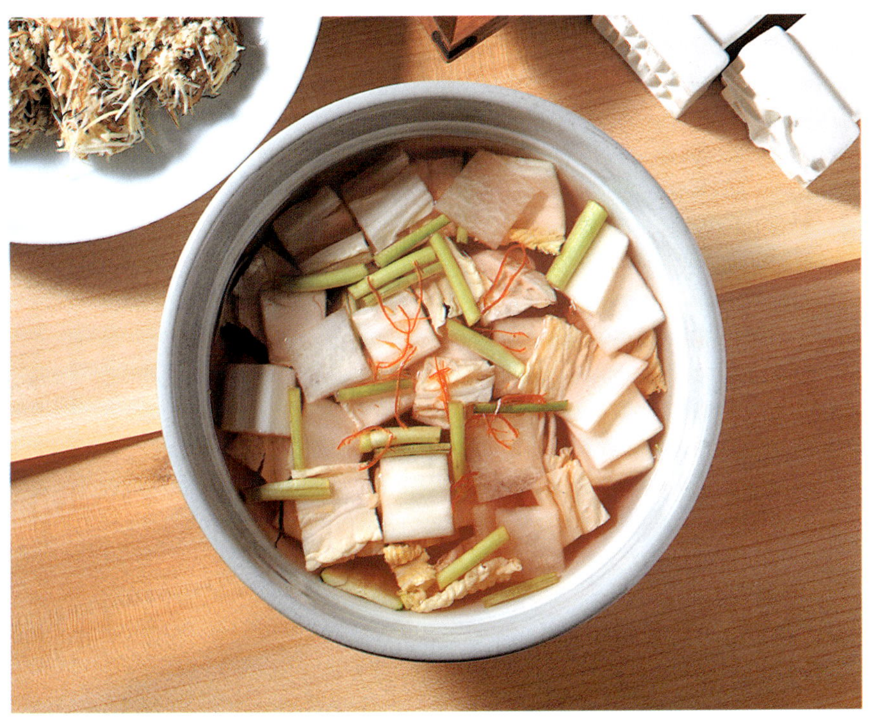

나박김치 무우와 배추 속대를 얄팍얄팍 네모지게 썰어 담그는 김치로 소금물을 끓인 다음 미지근하게 식혀 부으면 하루만에 먹을 수 있다.

는 흰 부분만 3.5센티미터 길이로 썬다. 오이는 껍질을 소금으로 문질러 씻은 다음 길이 3센티미터로 썰어 네 쪽을 내고 씨는 발라낸다. 무, 배추에 실고추를 넣고 버무려 물들인 다음 파와 곱게 채친 마늘, 생강을 넣어 잠깐 동안 두었다가 국물을 붓는다. 고춧가루를 작은 주머니에 싸서 김치 국물에 넣고 흔들어 붉은 물을 우려 둔다. 마지막으로 미나리와 오이를 넣어 항아리에 부으면 되는데 오이는 거의 익을 무렵에 넣는다.

그 밖의 김치 담그기

배추겉절이

재료 배추, 실파, 붉은 고추, 고춧가루, 마늘, 생강, 설탕, 통깨, 참기름.

만드는 법 배추는 4등분하여 소금물에 살짝 절인 다음 씻어서 건진다. 실파는 4센티미터로 썰고 붉은 고추는 채를 썰고 새우젓, 고춧가루, 파, 마늘, 생강, 붉은 고추를 넣어 양념을 만든다. 배추는 먹기 좋게 길게 찢어 준비한 양념에 고루 버무리고 설탕, 통깨, 참기름으로 맛을 더한다.

알타리동치미

재료 알타리무, 삭힌 풋고추, 대파, 갓, 실파, 마늘, 생강, 굵은 소금.

만드는 법 알타리무는 잔뿌리와 억센 무청은 없애고 실파, 갓도 다듬어 함께 씻어 둔다. 씻어 둔 알타리무는 소금물을 만들어서 푹 잠기게 한 후 그 위에 소금을 더 뿌려서 절인다. 무가 어느 정도 절여지면 실파와 갓을 넣고 절인다. 알타리무와 실파, 갓을 헹구어 물기를 뺀 다음 무는 무청이 엉기지 않도록 3개씩 모아서 묶는다.

실파는 세 뿌리, 갓은 두 뿌리씩 묶는다. 마늘과 생강은 다듬어서 얇게 저미고, 대파도 다듬어 동글동글하게 썬다. 묶어 놓은 알타리무를 항아리에 차곡차곡 담고 중간에 실파와 갓 묶은 것, 고추 삭힌 것, 대파 썬 것, 마늘과 생강 저민 것을 넣은 다음 알타리무를 다시 얹는다. 다 담은 다음에 무거운 돌로 누르고 짭짤한 소금물을 타서 체에 걸러 붓는다.

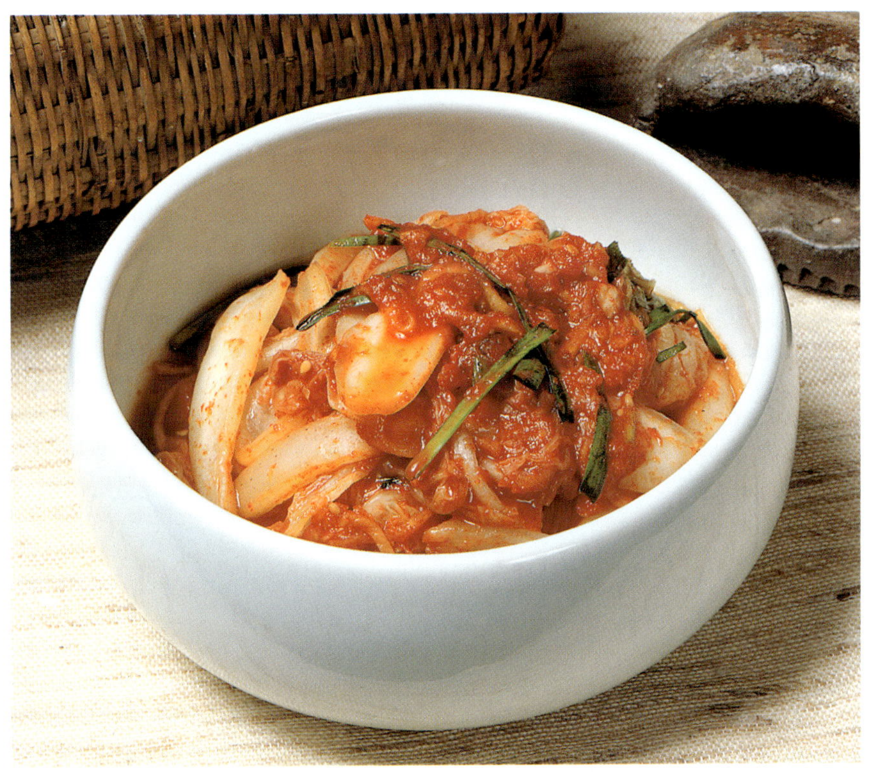

얼갈이배추김치 절인 얼갈이배추에 파, 마늘, 생강, 고춧가루를 넣어 버무리고 새우젓과 소금으로 간한다. 갑자기 손님이 왔을 때 금방 담가 먹을 수 있는 김치이다.

얼갈이배추김치

재료 얼갈이배추, 파, 마늘, 생강, 새우젓, 고춧가루, 소금.

만드는 법 얼갈이배추는 다듬은 후 5센티미터 길이로 썰어 소금으로 절인 뒤 물에 살짝 헹궈 물기를 뺀다. 파는 어슷썰고 마늘과 생강은 다듬어서 곱게 다진다. 절인 배추에 파, 마늘, 생강, 고춧가루를 넣어 버무리고 새우젓과 소금으로 간한다.

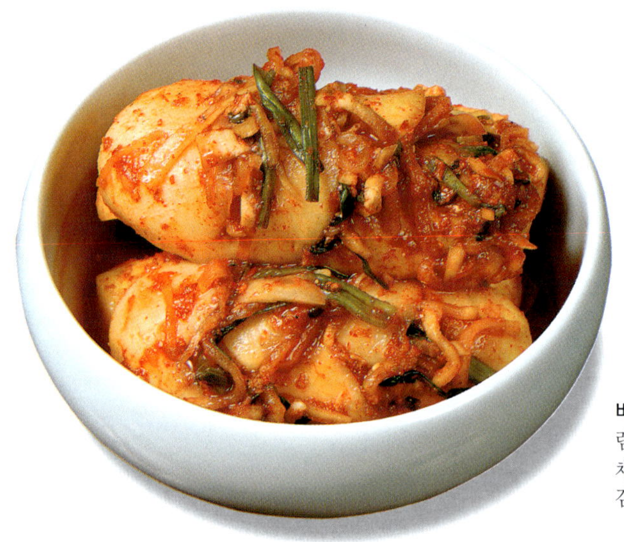

비늘김치 무에 생선 비늘처럼 칼집을 넣어 그 속에 무채로 만든 소를 채워서 익힌 김치이다.

비늘김치

무에 생선 비늘처럼 칼집을 넣어 그 속에 무채로 만든 소를 채워서 익힌 김치이다.

재료 작은 무, 배춧잎, 실파, 미나리, 갓, 새우젓, 고춧가루, 마늘 다진 것, 생강, 소금.

만드는 법 무를 씻어서 길이로 반을 갈라 위를 생선 비늘 모양으로 어슷어슷하게 3센티미터 간격으로 칼집을 넣는다. 배춧잎은 큰 것으로 골라 씻어서 소금이 5배인 소금물에 무와 함께 절인 다음 무와 배추를 건져서 물기를 뺀다. 나머지 무는 가늘게 채로 썰고 실파, 미나리, 갓은 씻어서 3센티미터 길이로 썬다. 마늘과 생강, 새우젓은 곱게 다진다. 무채에 고춧가루를 넣고 물을 들인 후 준비한 양념을 모두 넣고 새우젓, 소금으로 간하여 소를 만든다. 절인 무의 칼집 사이사이에 무채소를 넣고 배춧잎으로 싸서 항아리에 꼭꼭 눌러 담는다. 또는 배추김치 사이사이에 한 켜씩 넣는다.

석류김치

무를 도톰하게 토막내고 바둑판처럼 칼집을 넣어 절인 다음 백김치처럼 고춧가루를 넣지 않은 소를 채워서 만든 국물이 넉넉한 궁중 김치이다. 모양이 마치 석류가 익어서 벌어진 듯하여 석류김치라고 한다.

재료 무, 배춧잎, 배, 밤, 미나리, 굵은 소금, 실파, 석이버섯, 마늘, 생강, 실고추.

만드는 법 배추는 잎이 넓고 싱싱한 것으로 준비한다. 약간 큰 동치미무를 골라 깨끗이 씻어 4센티미터 두께의 둥근 토막으로 잘라 밑으로 1센티미터 정도만 남기고 가로 세로 1센티미터 간격으로 칼집을 넣는다. 물이 5배인 소금물에 칼집을 넣은 무와 배춧잎을 넣어 푹 절인다. 무와 배, 밤, 석이버섯은 3센티미터 길이로 채 썰고 미나리와 실파, 실고추도 3센티미터 길이로 썬다. 마늘, 생강은 가늘게 채 썬다. 무와 배추를 깨끗이 씻어 건져 무는 양손으로 싸 쥐면서 눌러 물기를 잘 뺀다. 채 썬 무에 실고추를 넣고 붉은 물을 들인 후 나머지 양념들을 넣고 버무린다. 칼집을 낸 무 사이사이에 소를 꼭꼭 눌러 넣은 다음 배춧잎 2장에 무를 하나씩 싸서 항아리에 차곡차곡 담는다. 그 위에 삼삼한 소금물을 붓는다.

비지미

재료 무, 실파, 미나리, 고춧가루, 찹쌀가루, 멸치젓, 마늘, 생강, 통깨, 설탕, 소금.

만드는 법 무는 깨끗이 씻어 이리저리 돌려가며 연필깎기로 썰어 소금에 살짝 절인다. 실파, 미나리도 깨끗이 다듬어 씻어 4센티미터 길이로 썰고 찹쌀가루로 풀을 쑤고 마늘과 생강은 곱게 다진다. 소금에 절인 무는 물기를 뺀 뒤 고춧가루에 버무려 빨갛게 물을 들인다. 준비된 갖은양념을 넣어서 고루 버무리면 되는데 간은 소금으로 한다.

순무김치

재료 순무, 밴댕이젓국, 파, 마늘, 고춧가루.

만드는 법 순무는 납작납작하게, 파는 3센티미터 길이로 썰고 마늘은 다진다. 밴댕이젓 건더기는 다져서 고춧가루와 섞어 놓는다. 순무에 갖은양념을 넣고 버무린 다음 김칫국물을 만들어 붓는다.

무오가리김치(무말랭이김치)

재료 무, 파, 마늘, 젓국, 고춧가루, 소금, 실고추, 물엿 또는 설탕.

만드는 법 무는 깨끗이 씻어 얇게 썰어 소금에 절인다. 절인 무를 꼭 눌러 짜 물기를 없애고 꼬들꼬들할 때까지 말린다. 말린 무에 젓국과 물엿을 넣고 파와 마늘 다진 것, 고춧가루, 실고추를 잘 버무려 간을 맞춰서 항아리에 담는다.

무채김치

재료 무, 생태, 미나리, 갓, 실파, 새우젓, 멸치젓, 마늘, 생강, 소금, 설탕, 고춧가루.

만드는 법 무는 약간 굵게 채 썰어 고춧가루로 버무린다. 싱싱한 생태를 골라 깨끗이 손질하여 살만을 굵직굵직하게 썬다. 미나리, 갓, 실파는 2센티미터 길이로 썰고 마늘, 생강은 다진다. 무채에 생태, 미나리, 갓, 파, 마늘, 생강을 고루 버무려 소금, 새우젓, 설탕으로 가을 맞춘다.

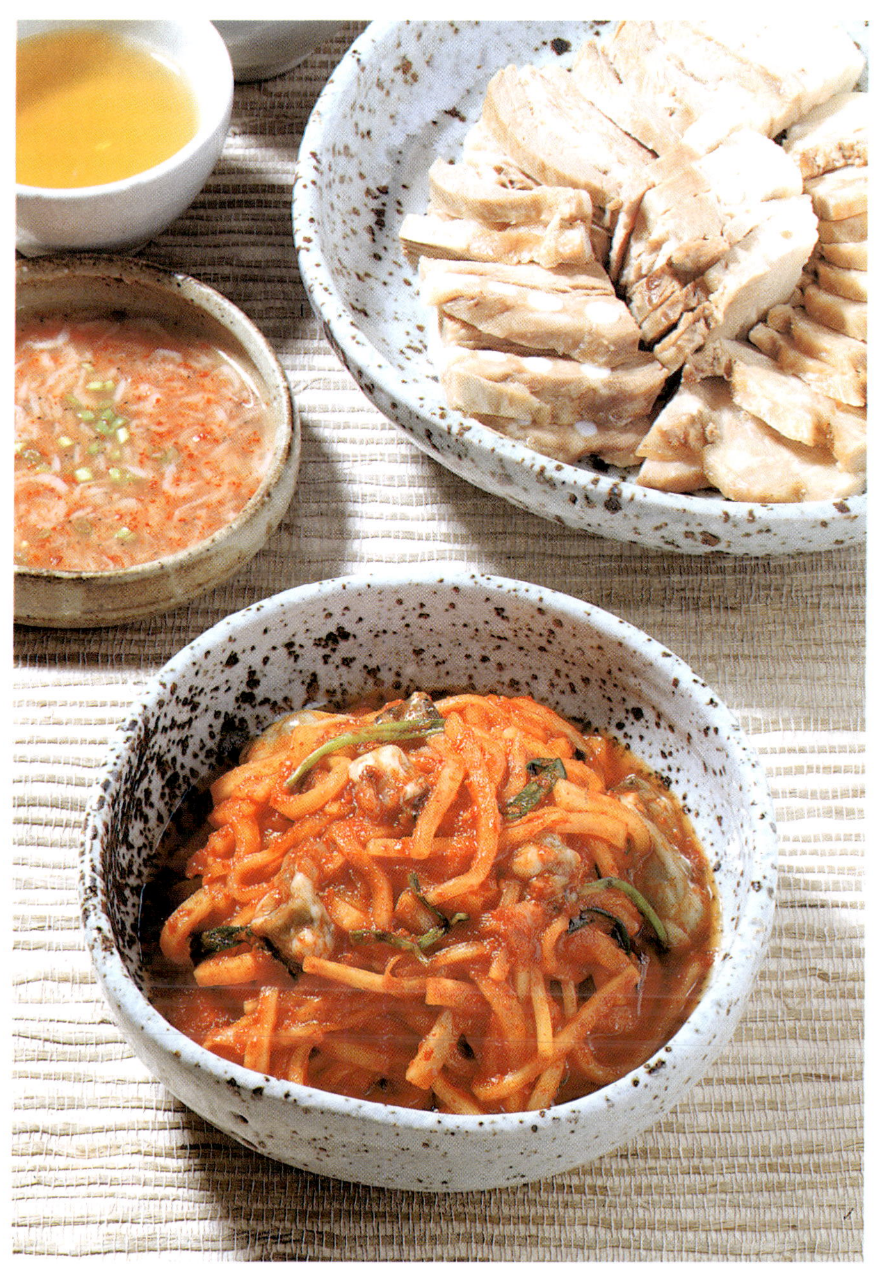

무채김치 굵게 채친 무를 고춧가루로 버무리고 굵직굵직하게 썬 생태살, 갖은양념과 새우젓 등을 넣어 만든 김치로 돼지고기 편육과 잘 어울린다.

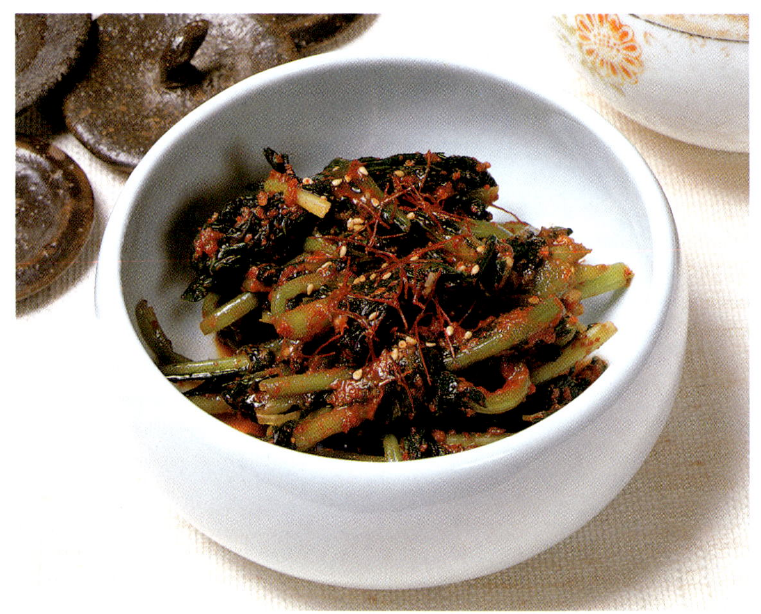

무청김치 연한 무청을 골라 소금에 절인 다음 젓국과 갖은양념을 해서 익혀 먹는다.

무청김치

재료 무청, 소금, 젓국, 파, 마늘, 고춧가루, 실고추.

만드는 법 무청은 겉은 떼어내고 연한 것만 골라 소금에 절인 다음 깨끗이 씻어 물기를 뺀다. 무청은 젓국을 넣고 파와 마늘 다진 것, 고춧가루, 실고추로 잘 버무린다. 간은 젓국으로 맞춘 뒤 소금을 약간 넣고 항아리에 담아서 익힌다.

굴깍두기

재료 무, 배추 속잎, 미나리, 갓, 실파, 고춧가루, 마늘, 생강, 굴, 새우젓, 소금.

만드는 법 무는 깨끗이 씻어 토막내어 깍뚝썰기를 한다. 배추도 씻어서 무와 같은 크기로 썬 다음 소금에 절여 둔다. 그리고 실파, 갓, 미나리는 깨끗이 씻어 모두 3센티미터로 썰고 마늘, 생강, 새우젓은 다진다. 굴은 소금에 흔들어 껍데기를 골라내며 씻어서 물기를 빼 둔다. 절인 배추를 헹구어 건져서 물기를 뺀 다음 무에 고춧가루를 넣고 빨갛게 물을 들인다. 썰어 놓은 무와 실파, 갓, 미나리에 다진 양념을 넣고 소금으로 간을 한다. 굴을 양념에 살짝 버무려 항아리에 꼭꼭 눌러 담는다.

비늘깍두기

재료 무, 미나리, 갓, 실파, 고춧가루, 마늘, 생강, 새우젓, 설탕, 소금.

만드는 법 무를 깨끗이 씻어 큼직한 비늘 모양으로 썰어 소금에 살짝 절인다. 미나리, 갓, 실파는 4센티미터 길이로 썰고 마늘, 생강은 곱게 다진다. 고춧가루에 다진 마늘, 생강, 설탕, 젓갈을 넣어 양념을 만든다. 절인 무의 물기를 빼고 미나리, 갓, 파와 양념 만든 것을 넣어 고루 버무린 다음 항아리에 담는다.

해물깍두기

재료 무, 도루묵, 생태, 물오징어, 미나리, 갓, 실파, 고춧가루, 생강, 마늘, 새우젓, 소금.

만드는 법 무는 깨끗이 씻어 나박썰기를 한 다음 고춧가루로 물들인다. 도루묵과 생태는 깨끗이 손질하여 한입 크기로 썰고, 오징어도 다리를 떼고 같은 크기로 썬다. 미나리, 갓, 실파는 4센티미터 길이로 썰고 마늘과 생강은 다진다. 무에 해물, 미나리, 갓과 준비된 양념을 넣고 소금으로 간을 맞추어 항아리에 담는다.

열무감자물김치

재료 열무, 햇배추, 실파, 마늘, 생강, 붉은 고추, 풋고추, 감자, 양파.

만드는 법 열무와 햇배추는 5센티미터 길이로 자른 다음 깨끗이 씻어 소금에 살짝 절인다. 물 6컵에 감자 3개, 양파 반 개를 큼직하게 썰어 넣고 끓인 뒤 소금으로 간을 하여 식힌다. 감자와 양파는 건져내고 그 가운데 감자 반 개는 으깨어 국물에 넣는다. 실파는 5센티미터 길이로 썰고, 붉은 고추와 풋고추는 어슷썰고, 마늘과 생강은 곱게 다진다. 절인 열무와 햇배추는 두어 번 헹궈서 물기를 뺀 다음 붉은 고추, 풋고추, 실파 썬 것, 마늘, 생강을 넣어 버무린다. 버무린 열무와 배추를 항아리에 담고 김치 국물을 붓는다.

숙쌈김치

재료 배추, 무, 미나리, 갓, 배, 생강, 마늘, 파, 낙지, 전복, 굴, 표고버섯, 석이버섯, 고춧가루, 새우젓, 설탕, 실고추, 밤, 잣.

만드는 법 배추는 잎과 줄기 부분을 떼어 소금물에 살짝 데치고 무도 씻어서 두께 1센티미터, 폭 4센티미터로 썰어 소금물에 살짝 데친다. 배추 줄기 부분도 4센티미터 폭으로 썬다. 배도 무와 같은 크기로 썰고 미나리, 갓은 4센티미터 길이로, 밤은 납작하게 썬다. 표고버섯과 석이버섯, 생강, 파, 마늘은 채 썰고 새우젓 건더기는 다진다. 낙지는 소금으로 주물러 씻어서 4센티미터 길이로 썰고, 전복은 얄팍하게 저민다. 굴은 소금물에 흔들어 껍질을 없앤다. 배추 줄기와 무 썬 것에 고춧가루를 넣어 섞고 준비한 양념 고명을 넣어 고루 버무린 다음 설탕, 실고추를 넣는다. 절인 배춧잎을 보시기에 3장 정도 고르게 펴 버무린 김치를 담고 그 위에 실백과 실고추로 고명을 얹어서 배춧잎으로 잘 싸 항아리에 담는다. 간을 맞춘 김치 국물을 붓고 익힌다.

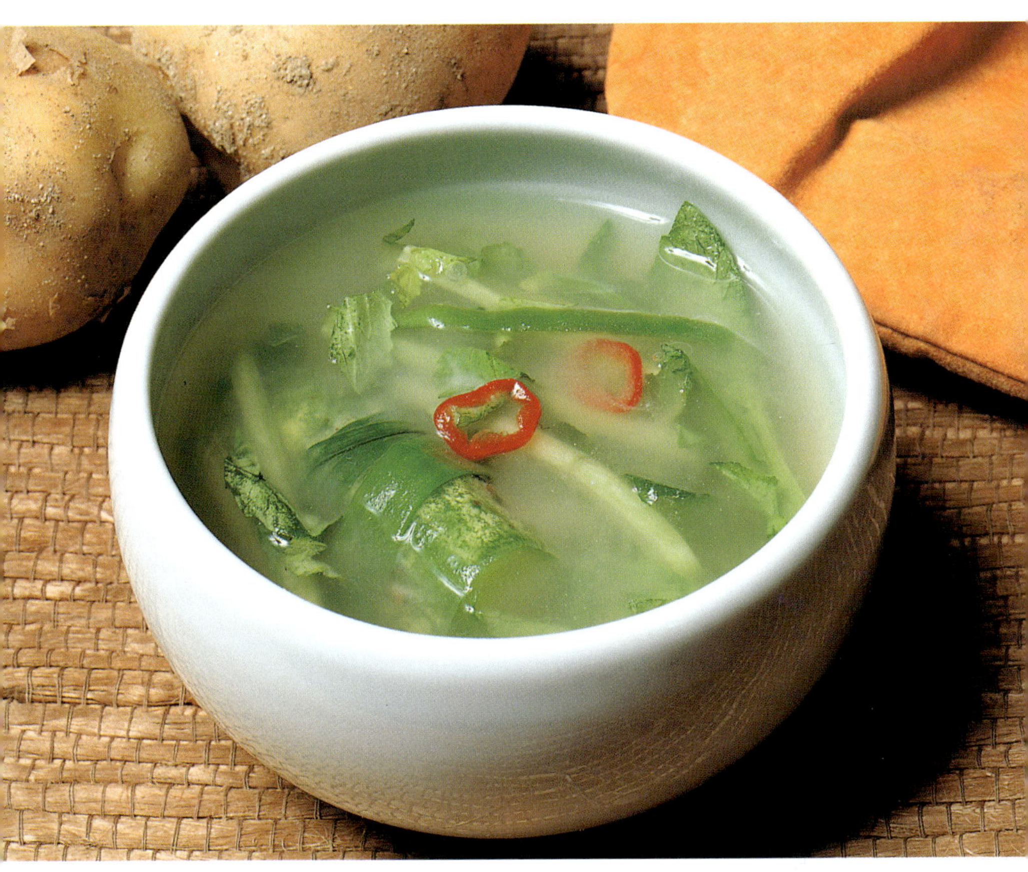

열무감자물김치 감자와 양파를 큼직하게 썰어 넣고 고아서 국물을 밭여 소금으로 간을
하여 식힌 다음 김치 국물로 한다. 열무가 연할 때 담가 먹으면 좋은 김치이다.

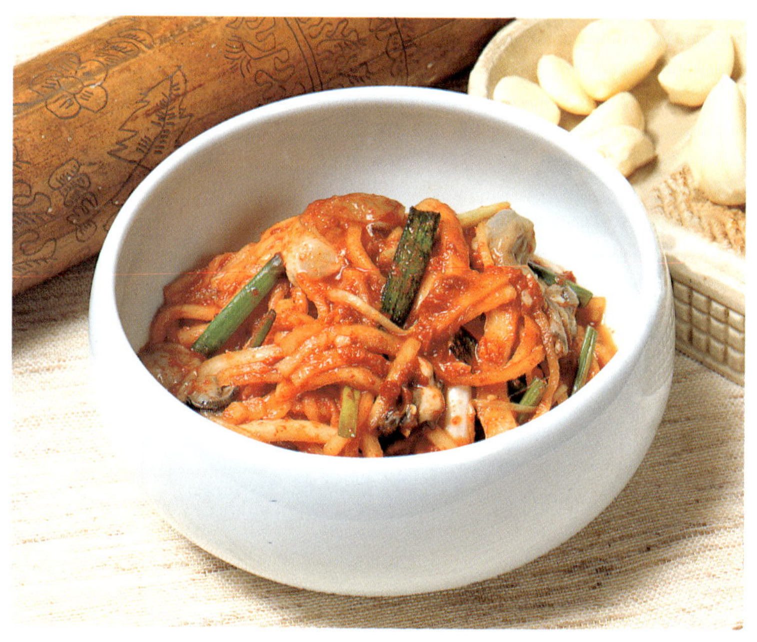

굴김치 절인 배추를 헹구어 물기를 빼고 채 썬 무, 미나리, 마늘, 생강, 고춧가루, 새우젓 등을 넣어 고루 버무린다. 신선한 굴이 많이 나는 철에 담그면 좋은 김치이다.

굴김치

재료 배추, 무, 굴, 미나리, 파, 마늘, 생강, 고춧가루, 새우젓, 설탕, 소금.

만드는 법 배추는 잘 씻어서 7센티미터 길이로 잘라 소금에 절인다. 무는 채 썰고 생굴은 소금물에 씻어 물기를 뺀다. 미나리, 파도 같은 길이로 썰고 마늘, 생강은 다진다. 절인 배추를 헹구어 물기를 빼고 채 썬 무, 미나리, 마늘, 생강, 고춧가루, 새우젓 등을 넣어 고루 버무린다. 굴과 파는 마지막에 넣고 소금, 설탕으로 간을 맞춘다.

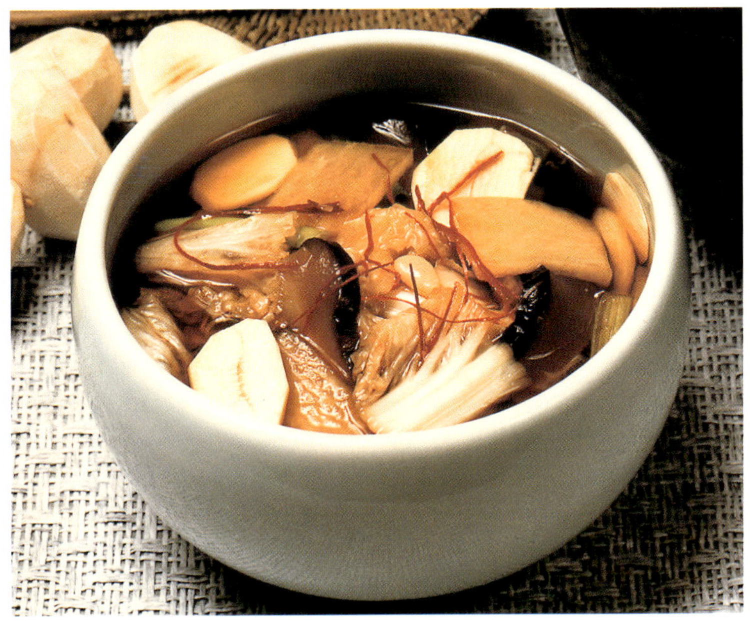

장김치 무와 배추를 네모지게 썰어 간장에 절여 담근 김치로 겨울철에 먹으면 맛있다. 국물이 넉넉한 김치로 맵지 않아 어린아이나 노인이 먹기 좋다.

장김치

무와 배추를 네모지게 썬 다음 간장에 절여서 여러 가지 양념과 배, 밤, 잣과 석이버섯, 표고버섯 등을 함께 넣어 국물을 넉넉하게 부어 익힌 김치이다. 특히 겨울철에 맛있다.

재료 배추, 무, 갓, 미나리, 표고버섯, 석이버섯, 밤, 대추, 단감, 배, 파, 마늘, 생강, 잣, 진간장, 국물—간장, 물, 꿀(설탕).

만드는 법 배추는 겉껍질을 제거하고 한 잎씩 떼어 씻고 길이 3.5센티미터, 너비 3센티미터 정도로 썬다. 무는 단단한 것으로 골라 씻고 배추보다 약간 작고 얇게 썬다. 배추와 무를 집에서 만든 진간장에 절이는데 무가 배추보다 쉽게 절여지므로, 배추가 절여진 다음 무를 넣는다. 갓과 미나리는 다듬어 씻어 줄기만 3.5센티미터로 썬다. 표고버섯은 물에 담가 불려 손질하여 골패 모양으로 썰고 석이버섯은 손질하여 채 썬다. 밤은 얄팍하게 썰고, 대추는 씨를 발라 세로로 3쪽 정도 낸다. 단감과 배는 껍질을 벗겨 무와 비슷하게 썬다. 파는 흰 부분만 길이 3.5센티미터로 썰고, 마늘과 생강은 곱게 다진다. 잣은 꼬깔을 떼고 마른행주로 닦는다. 절여 둔 배추와 무에 썰어 놓은 모든 재료를 넣고 버무려 하루쯤 두었다가, 국물에 간을 맞추어 붓고 배춧잎으로 덮는다.

풋고추김치

풋고추를 삭혀 고춧잎과 멸치젓, 갈치젓을 넣어 만든 경상도식 김치이다.

재료 풋고추, 고춧잎, 실파, 멸치젓, 갈치젓, 고춧가루, 마늘, 생강, 소금, 통깨.

만드는 법 풋고추와 고춧잎을 소금물에 담가 약 일주일 동안 삭힌 다음 씻어 건진다. 멸치젓 반 컵에 물을 약간 넣고 달여서 체에 걸러 고춧가루를 넣고 갠다. 실파는 다듬어 씻어서 3등분하고 마늘과 생강은 곱게 다진다. 젓국에다 고춧가루를 개고 다진 마늘, 생강, 실파 썬 것, 갈치젓을 넣어 양념을 만든다. 물기를 뺀 고추와 고춧잎에 양념을 넣고 잘 버무려 통깨를 뿌린 다음 항아리에 꼭꼭 눌러 담는다.

파김치

재료 쪽파, 간장, 멸치젓, 고춧가루, 통깨, 마늘, 생강, 소금, 실고추.

만드는 법 파는 깨끗이 다듬어 씻은 후 간장으로 절여 둔다. 마늘과 생강 다진 것은 실고추, 고춧가루와 함께 젓국에 넣어 골고루 섞는다. 절인 파를 건져 준비한 양념에 버무려 두서너 가닥씩 손에 잡고 돌돌

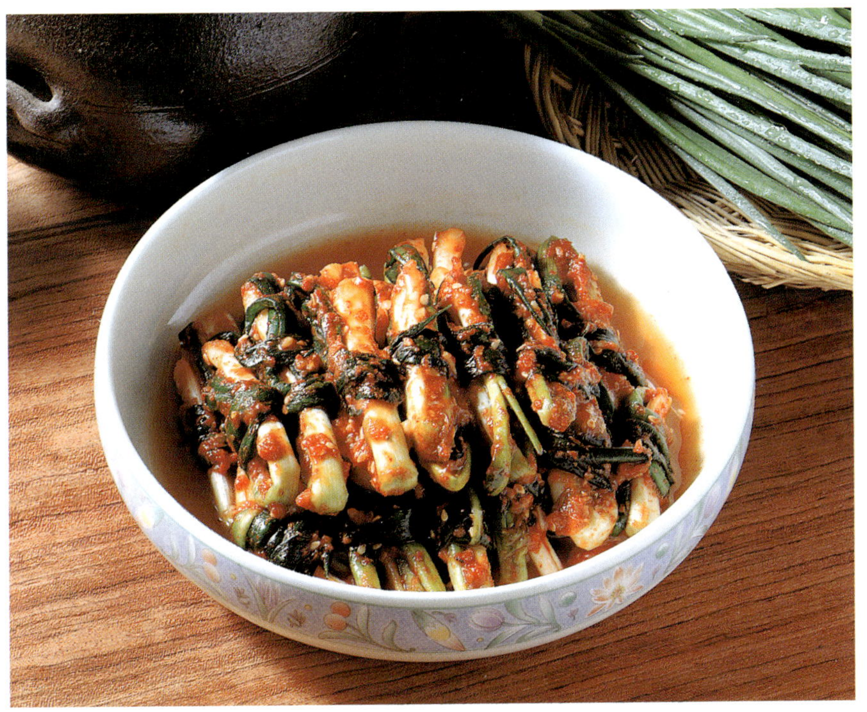

파김치 소금물에 파를 절여 마늘과 생각을 다져 넣고 고춧가루로 색을 내고 젓국으로 간을 한다. 고춧가루를 넉넉히 넣어 맵고 젓갈 때문에 진한 맛의 김치이다.

말아 항아리에 한 켜씩 담고 통깨를 뿌린 다음 젓국 남은 것을 위에 붓고 꼭 눌러 둔다. 고춧가루를 넉넉히 넣고 멸치젓에 담가 익힌 김치로 맵고 진한 맛이 난다.

수삼나박지

재료 수삼(4∼5년생), 배, 무, 오이, 식초, 설탕, 소금, 생수.

만드는 법 수삼을 깨끗이 씻어 몸통만 껍질을 벗겨 길이 5센티미

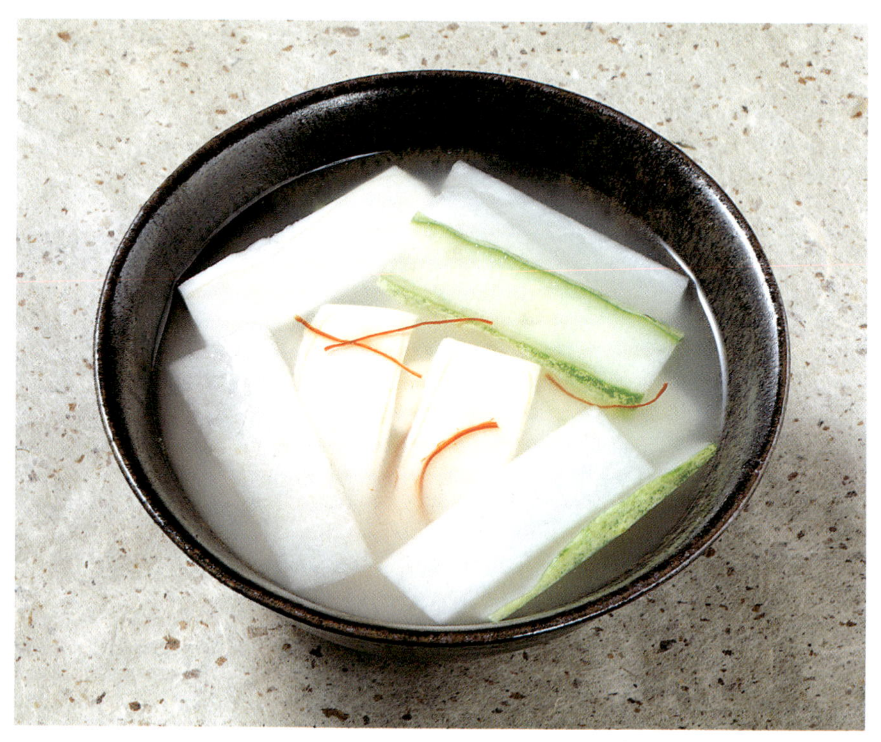

수삼나박지 수삼 잔뿌리를 갈아 맛을 낸 국물에 수삼, 배, 무를 넣어 하루 정도 지난 뒤 먹기 좋은 크기로 썰어 낸다. 약리 효과도 있는 개성 지방의 향토 김치이다.

터, 너비 2센티미터, 폭 2밀리미터로 썰어 둔다. 배와 무도 껍질을 벗겨 수삼과 같은 크기로 썬다. 생수에 설탕을 넣어 녹이고 소금, 식초를 적당하게 넣어 만든 국물을 잘 섞어 둔다. 수삼 잔뿌리를 갈아서 보자기에 넣고 맛을 낸 국물을 붓는다. 보자기를 꼭 짜고 건더기는 버린다. 준비된 국물에 수삼, 배, 무를 넣어 하루 정도 지난 뒤 그릇에 낼 때 오이도 수삼 크기로 썰어 넣는다.

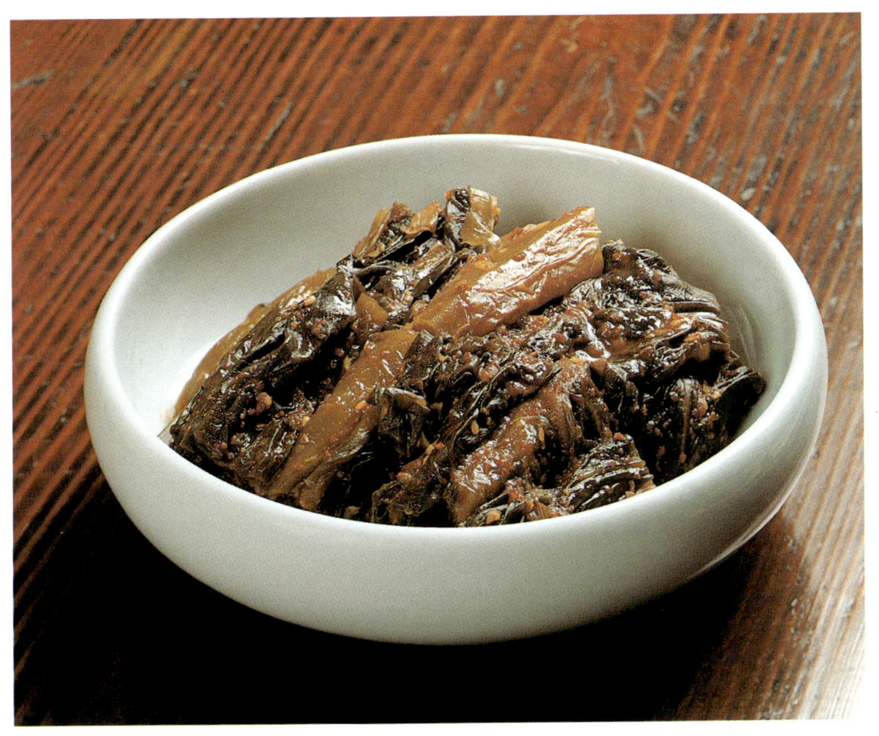

갓김치 갓에 실파를 섞어서 고춧가루와 멸치젓을 많이 넣은 전라도식 김치로 갓은 자줏빛이 나는 붉은색으로 잎이 크고 향기가 높으며, 특히 해남 갓이 유명하다.

갓김치

갓에 실파를 섞어서 고춧가루와 멸치젓을 많이 넣은 전라도식 김치이다.

재료 갓, 파, 마늘, 멸치젓, 소금, 생강, 실고추, 고춧가루.

만드는 법 푸른 잎을 골라 깨끗이 다듬어 씻어 소금에 절인다. 푹 절여지면 물에 씻어 건진다. 씻은 갓에 멸치젓국을 붓고 고춧가루, 파, 마늘, 생강 다진 것, 실고추를 넣고 잘 버무려서 항아리에 차곡차곡 담고 맨 위에는 우거지를 덮어 눌러 잘 익힌다. 봄가을 서늘한 곳에서 3, 4일 동안 익혀서 먹는다.

고들빼기김치

고들빼기를 소금물에 삭혀서 멸치젓국과 고춧가루를 많이 넣어 질퍽한 맛이 우러나는 김치이다. 쌉쌀한 맛과 향기가 독특한 전라도의 별미 김치이다.

재료 고들빼기, 실파, 멸치젓, 고춧가루, 밤, 마늘, 생강, 통깨, 설탕, 소금.

만드는 법 뿌리가 굵고 잎이 연한 야생 고들빼기는 소금물에 일주일 정도 담가 쓴맛을 우려내고 삭힌다. 멸치젓은 끓여서 체에 거른다. 밤은 동글납작하게 썰고 실파는 다듬어 씻은 다음 길이로 반 자른다. 마늘과 생강은 다듬어 곱게 채 썬다. 멸치젓에 고춧가루, 밤, 다진 마늘, 생강, 설탕, 통깨를 넣고 잘 섞어 양념을 만들어 둔다. 고들빼기를 통째로 깨끗이 씻어 물기를 뺀 다음 양념을 넣고 고루 버무려 항아리에 담는다.

오이김치

재료 오이, 무, 파, 마늘, 생강, 고춧가루, 실고추, 소금, 새우젓국.

만드는 법 오이는 깨끗이 씻어 길이로 4등분하여 3, 4센티미터가 되게 썬다. 무도 오이와 같이 길쭉길쭉 썰면서 얇게 저민다. 썬 오이와 무를 엷은 소금물로 절여 둔다. 파는 채치고 마늘과 생강은 곱게 다져 고춧가루와 함께 섞어 절여 둔 오이와 무에 골고루 무쳐 붉은 물이 들게 한다. 붉은 물이 골고루 들면 실고추, 새우젓국을 넣고 버무린 후 소금으로 간을 맞추어 항아리에 담고 꼭꼭 눌러 둔다.

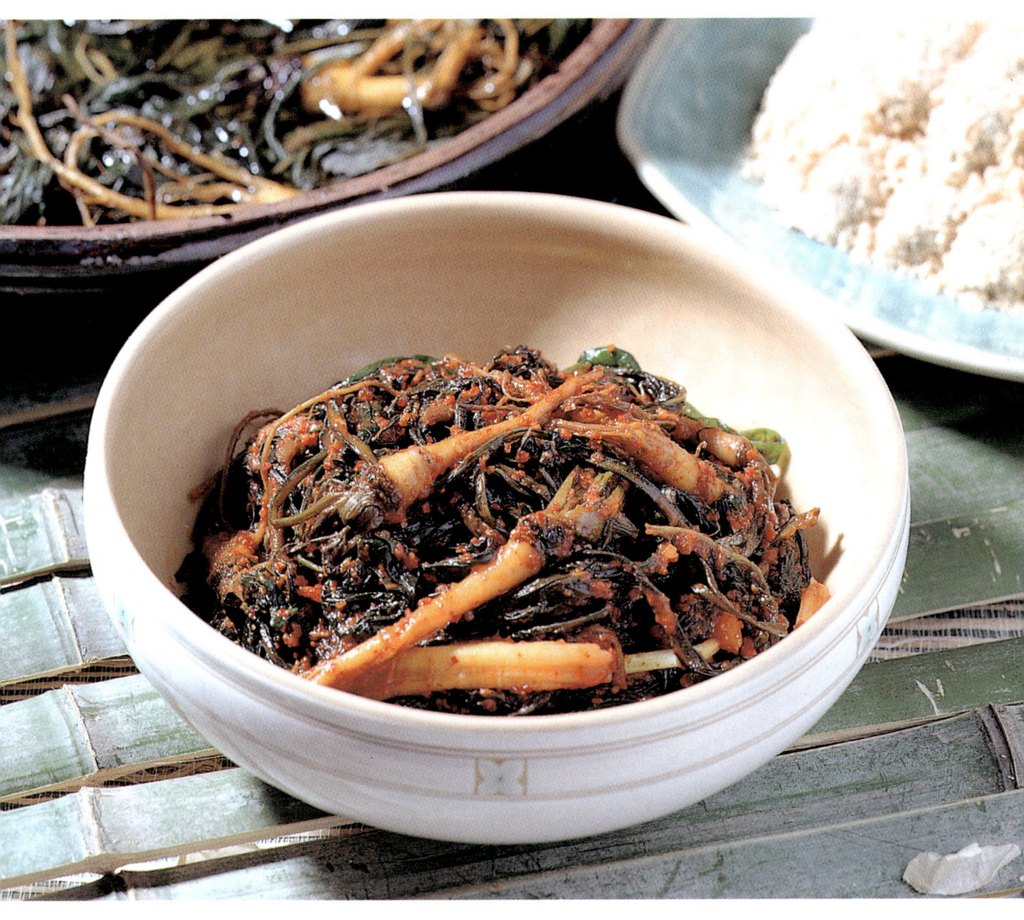

고들빼기김치 고들빼기를 소금물에 삭혀서 멸치젓국과 고춧가루를 많이 넣어 맵고 진하다. 쌉쌀한 맛과 향기가 독특한 전라도의 별미 김치이다.

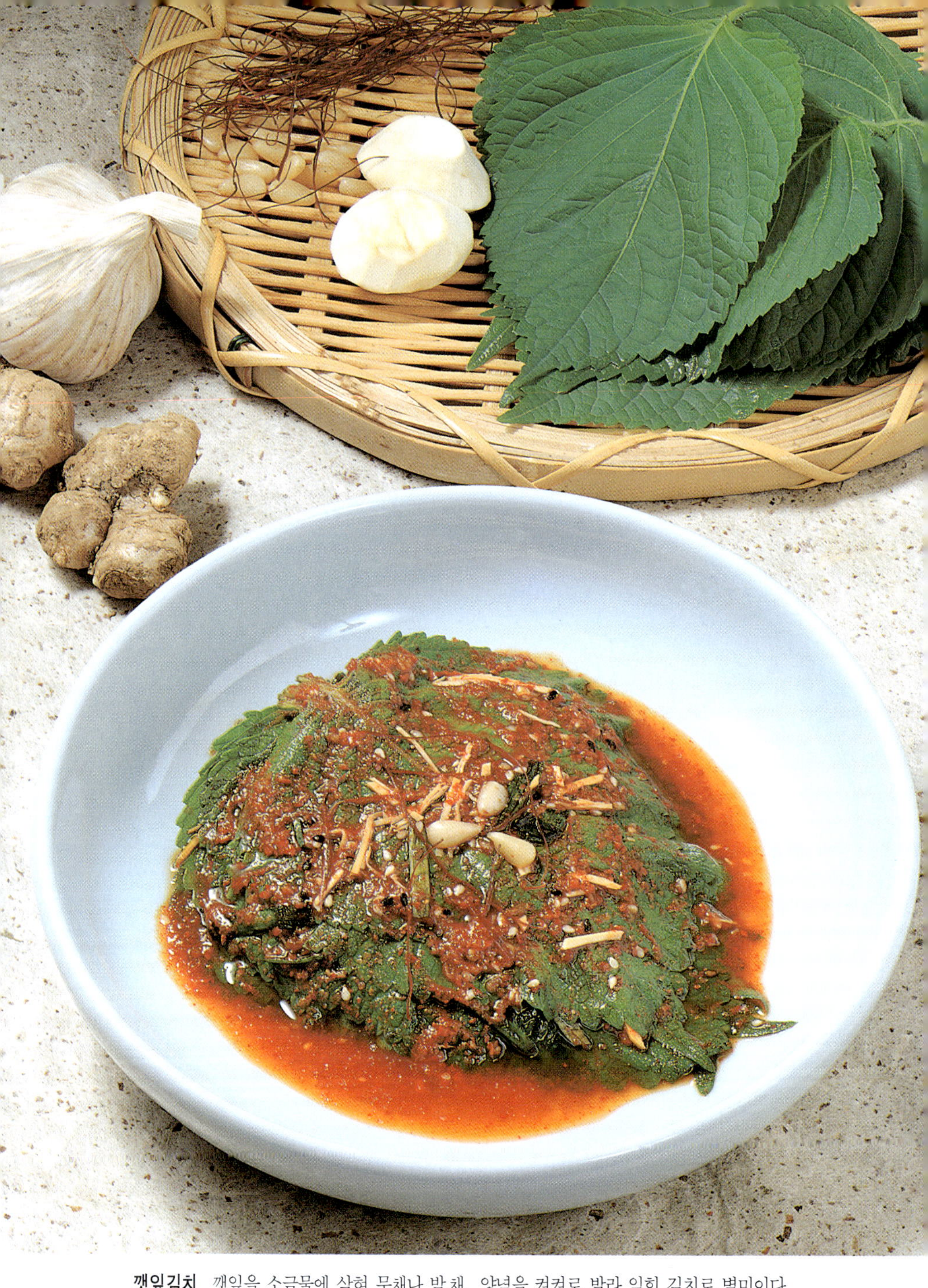

깻잎김치 깻잎을 소금물에 삭혀 무채나 밤채, 양념을 켜켜로 발라 익힌 김치로 별미이다.

깻잎김치

재료 깻잎, 고춧가루, 실고추, 실파, 마늘, 설탕, 생강, 멸치젓, 통깨.

만드는 법 깻잎은 여러 장 겹쳐 묶은 묶음 채로 씻어서 소금물에 담가 삭혀 둔다. 파, 마늘, 생강은 깨끗이 다듬어 곱게 채를 썬다. 삭힌 깻잎은 깨끗이 씻어 물기를 뺀다. 멸치젓국에 고춧가루, 파, 마늘, 생강, 통깨를 넣어 고루고루 섞은 양념을 깻잎에 켜켜로 발라 항아리에 담는다.

노각김치

재료 노각(늙은 오이), 고춧가루, 파, 마늘, 생강, 소금.

만드는 법 껍질을 벗긴 노각을 속을 빼내고 살은 납작납작하게 썰어서 소금에 절인 다음 물기를 뺀다. 파는 채를 썰고 마늘과 생강은 곱게 다져 둔다. 고춧가루에 파, 마늘, 생강을 넣어 양념을 준비한 노각에 골고루 배도록 버무린다.

쑥갓김치

재료 쑥갓, 파, 마늘, 생강, 멸치젓국, 실고추, 소금, 설탕.

만드는 법 쑥갓은 깨끗이 다듬어 풋내가 나지 않게 살살 씻어 소금을 조금 뿌려 절인다. 파는 곱게 채로 썰고 생강, 마늘, 실고추, 설탕과 함께 멸치젓국에 섞어 양념을 만든다. 절인 쑥갓의 물기를 빼고 준비한 양념장에 버무려 항아리에 담는다.

씀바귀김치

재료 씀바귀, 마늘, 고춧가루, 파, 생강, 소금.

만드는 법 씀바귀는 쌀뜨물에 일주일쯤 담가 쓴 물을 완전히 뺀다. 씀바귀를 깨끗이 씻어 물기를 없앤다. 파는 5센티미터 길이로 썰고 마늘과 생강은 곱게 다진다. 씀바귀에 고춧가루, 파, 마늘, 생강을 넣어 버무린다.

톳김치

재료 톳(녹미채), 멸치젓국, 고춧가루, 마늘, 파, 생강, 설탕.

만드는 법 톳은 깨끗이 다듬어 소금물로 씻어 물기를 뺀다. 젓국에 고춧가루, 파, 마늘, 생강 다진 것과 설탕을 넣고 양념을 만든다. 물기를 뺀 톳을 만들어 둔 양념에 골고루 버무려 항아리에 넣고 꼭꼭 눌러 둔다.

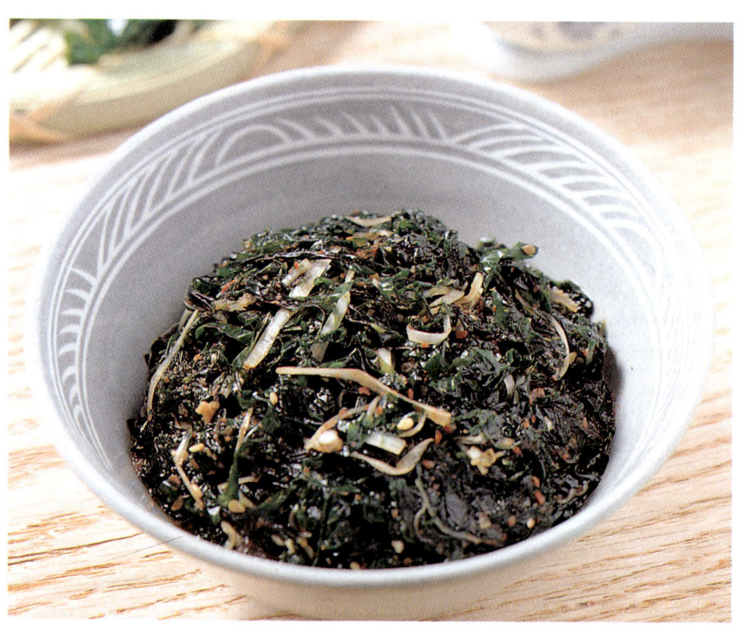

파래김치 티나 모래가 없도록 잘 씻은 다음 젓국에 고춧가루, 파, 마늘 등 갖은양념을 하여 담근다. 어촌에서 톳이나 파래로 김치를 담그기도 한다.

가지김치

재료 가지, 쇠고기, 참기름, 깨소금, 파, 마늘, 소금, 간, 설탕, 후 춧가루, 실고추.

만드는 법 가지는 꼭지를 따고 둘로 나누어 서너 군데 칼집을 내어 소금물에 절인다. 쇠고기는 곱게 다져 파와 마늘 다진 것, 간장, 설탕, 소금 등 갖은양념을 하여 볶는다. 절여진 가지를 건져 물기를 꼭 짜고 칼집을 낸 다음 양념하여 볶은 쇠고기를 넣는다. 항아리에 가지를 차곡 차곡 챙겨 넣는다.

미나리김치

재료 미나리, 소금, 파, 마늘, 생강, 고춧가루, 실고추.

만드는 법 미나리는 다듬어 씻은 다음 4센티미터 길이로 썰어 묽은

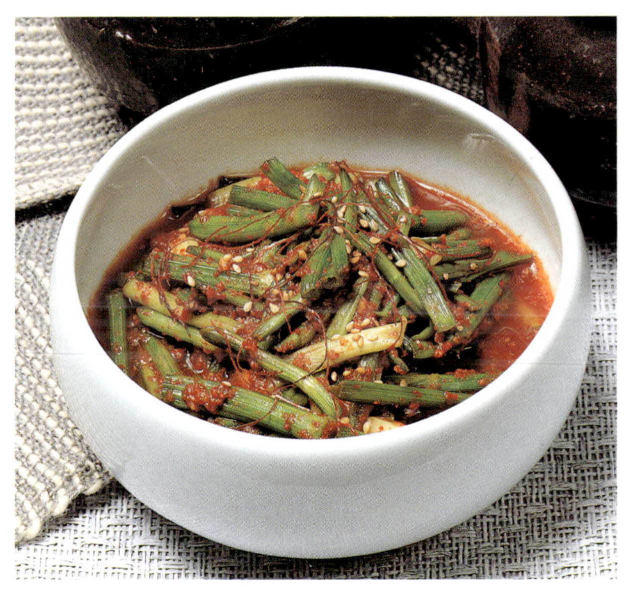

미나리김치 적당한 길이 로 썰어 소금물에 절였다가 양념에 버무려 물을 넉넉하 게 부어 익힌다. 미나리는 해열, 혈압 강하 등의 약리 효과가 있다.

소금물에 절인다. 곱게 다진 파, 마늘, 생강, 고춧가루에 실고추를 섞어 둔다. 잘 절인 미나리의 물기를 뺀 다음 양념에 버무리고 물을 충분히 부어 익힌다.

박김치

재료 박, 실파, 햇고추, 고춧가루, 마늘, 생강, 소금.

만드는 법 8, 9월에 덜 여문 박을 따서 속을 긁어내고 납작하게 썰고 파는 3센티미터 길이로 썬다. 준비한 박에 붉은 햇고추와 마늘을 채 썰어 양념과 버무리고 소금으로 간을 한다.

돌나물김치

재료 돌나물, 소금, 파, 마늘, 생강, 고춧가루, 밀가루.

만드는 법 봄철에 나는 돌나물을 깨끗이 다듬어 씻은 후 소금에 절인다. 절여지면 물기를 없애고 파와 마늘 다진 것, 생강 다진 것, 고춧가루로 잘 버무려 단지에 담는다. 밀가루풀을 쑤어 소금으로 간을 맞춘 국물을 단지에 붓고 익힌다. 자주색 갓을 우려낸 물을 국물로 이용하기도 한다.

양배추깻잎물김치

재료 양배추, 깻잎, 마늘, 생강, 밤, 파, 실고추.

만드는 법 양배추는 반을 잘라 굵은 심은 잘라 버리고 깨끗이 씻는다. 깻잎도 씻어 물기를 빼 둔다. 파, 밤, 마늘, 생강은 채를 썰고 실고추는 4센티미터 길이로 썬다. 준비한 양배추를 펴고 깻잎을 올린 후, 그 위에 양념을 얹고 다시 반복하여 켜켜로 항아리에 담고 소금물을 붓는다.

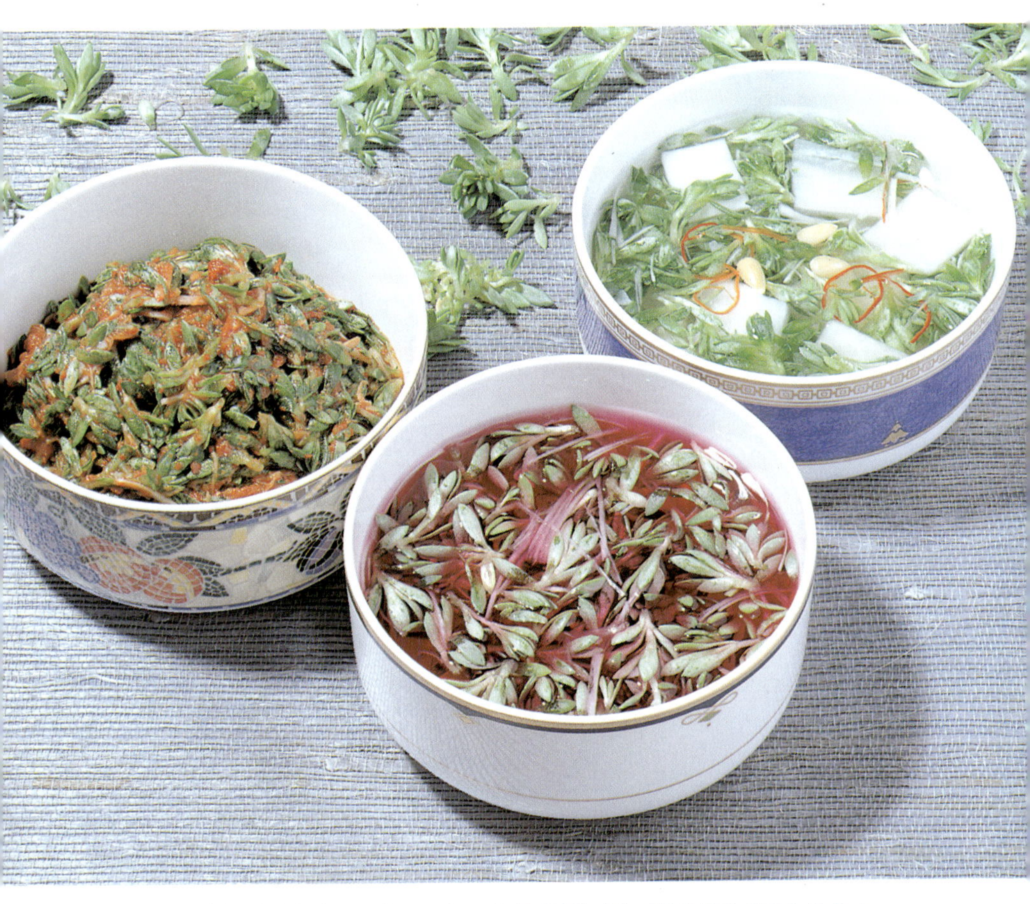

돌나물김치 봄철에 나는 돌나물로 담그는데 물김치일 경우 자주색 갓을 우려낸 물에 소금으로 간을 맞춘 다음에 밀가루를 약간 풀어 단지에 붓고 익혀 먹는다.

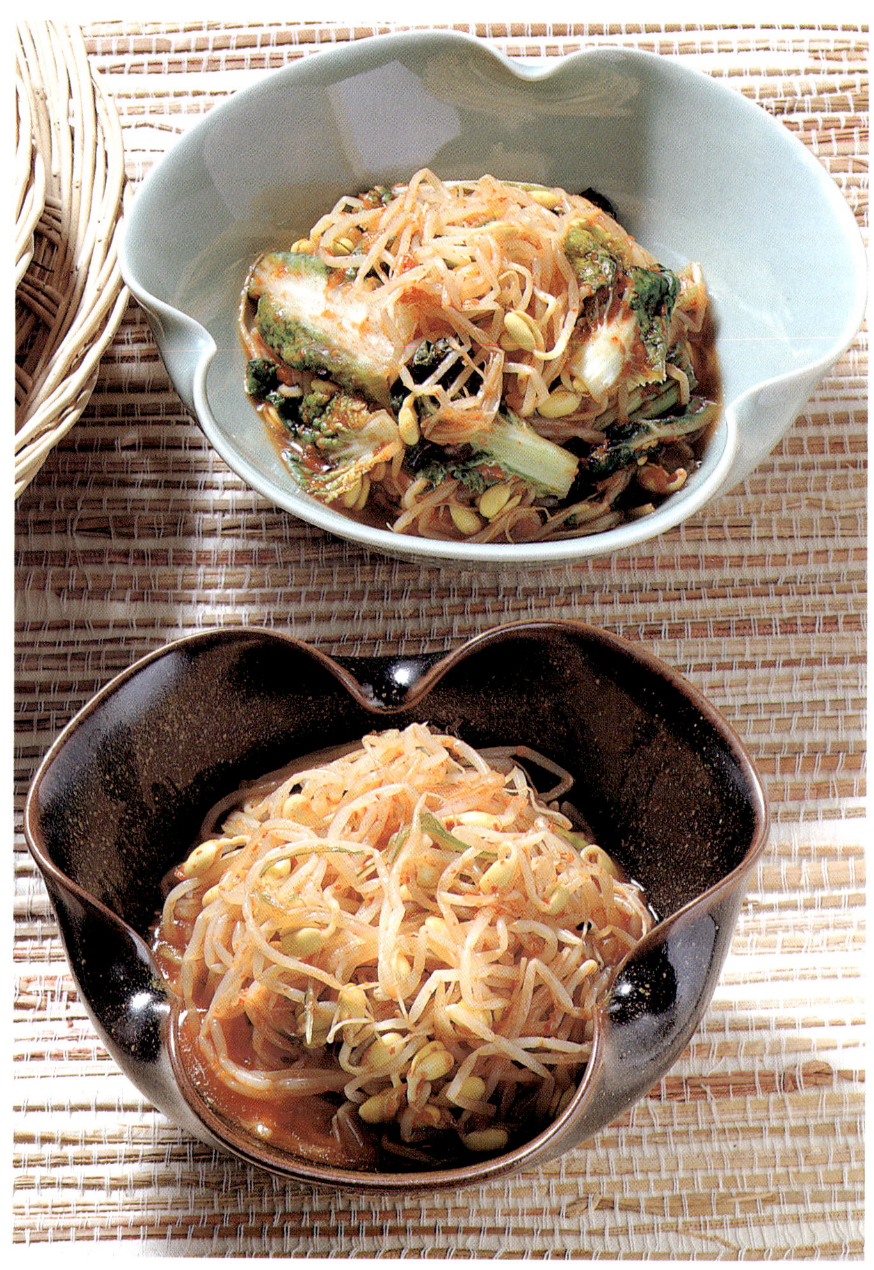

콩나물김치 데친 콩나물에 살짝 절인 풋배추, 파, 마늘, 실고추를 넣고 살짝 버무린 다음 소금물을 삼삼하게 만들어 붓는다.

콩나물김치

재료 콩나물, 풋배추, 파, 실고추, 마늘, 소금.

만드는 법 적당히 기른 살찐 콩나물을 뿌리를 따고 끓인 물에 살짝 데쳐서 식힌다. 풋배추는 살짝 절인다. 파는 깨끗이 씻어 4센티미터 길이로 썰고 마늘은 곱게 다진다. 데친 콩나물에 절인 풋배추, 파, 마늘, 실고추를 넣고 버무린 다음 소금물을 삼삼하게 만들어 붓는다.

죽순김치

재료 죽순, 고춧가루, 파, 마늘, 생강, 찹쌀가루, 소금.

만드는 법 죽순은 데쳐서 껍질을 벗기고 얇게 썰고 파, 마늘, 생강은 곱게 다진다. 고춧가루에 찹쌀가루로 쑨 풀, 파, 마늘, 생강을 넣고 버무려서 소금으로 간한다.

오이지

재료 오이, 소금, 물.

만드는 법 오이는 껍질을 소금으로 문질러 씻어서 항아리에 차곡차곡 담고 깨끗하게 씻은 돌로 눌러 놓는다. 냄비에 소금물을 끓여 뜨거울 때 항아리에 붓는다. 이틀 뒤 소금물을 따라내고 다시 끓여서 식힌 다음 붓는다. 일주일이 지나면 맛이 든다.

깻잎말이김치

재료 깻잎, 무, 실파, 미나리, 밤, 마늘, 생강, 멸치젓, 고춧가루, 설탕, 소금.

만드는 법 깻잎은 묶은 단을 풀지 말고 씻어서 소금물에 삭힌다. 무는 씻어서 길이 4센티미터로 밤과 마늘, 생강과 함께 가늘게 채치고, 실파와 미나리는 다듬어서 3센티미터 길이로 썬다. 삭힌 깻잎은 깨끗

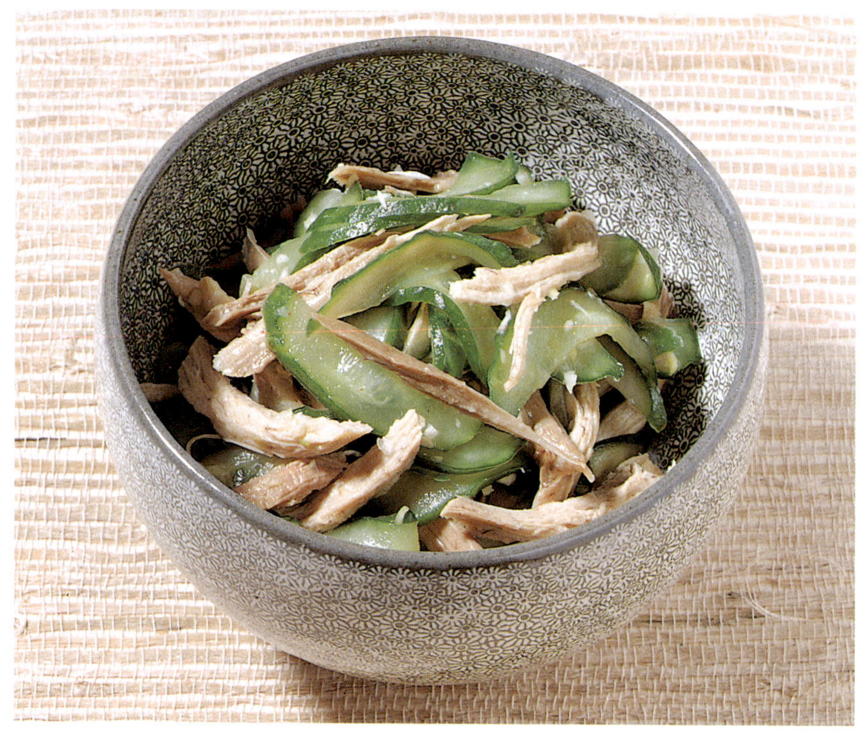

꿩김치 깻잎을 소금물에 삭혀 무채 양념을 가운데 놓고 돌돌 말아서 익힌 김치로 맛과 모양이 잘 어울리는 별미 김치이다.

꿩김치(생치김치)

재료 꿩, 물, 동치미 국물, 동치미무, 잣.

만드는 법 꿩은 내장을 꺼내고 깨끗하게 씻어 푹 삶는다. 삶은 꿩을 먹기 좋게 뜯고 국물은 차게 식혀서 기름을 걷는다. 동치미 국물에 꿩 삶은 국물을 넣고 간을 맞춰 동치미무 썬 것과 꿩고기를 넣고 잣을 띄운다.

김치를 이용한 음식

  우리가 즐겨 먹는 김치는 오랜 역사를 자랑하며 그 전통을 이어오고
있다. 김치를 이용한 음식들은 그 종류가 다양하다. 우리 조상들은 채
소만 있으면 무엇이든 가리지 않고 김치를 담그고 이를 다른 음식의 재
료로 응용하였다.

  더운 여름날 열무김치에 말아먹는 열무김치냉면, 따뜻한 멸칫국물에
잘 삶은 소면을 말아먹는 김치국수, 김치와 국수를 넣어 발갛게 버무린
비빔국수, 조금 신 듯한 김치를 오랫동안 끓여 더운밥과 함께 먹는 김
치찌개, 찬밥에 김치를 송송 썰어 넣은 김치볶음밥, 김밥을 쌀 때 김치
를 넣어 싼 김치김밥, 한겨울 밤 땅속에 묻어 두었다 꺼내 먹는 동치
미, 김치와 돼지고기를 넣어 기름에 달달 볶은 돼지고기김치볶음, 녹두
간 것에 김치를 송송 썰어 식용유에 부치는 김치빈대떡 등이 있다. 한
편 서양에서 유입된 패스트푸드인 햄버거와 크로켓 등도 김치를 혼합
하여 한국인의 입맛에 맞는 음식으로 변화시켰다. 이러한 패스트푸드
는 지방의 함량을 줄일 수 있는 합리적인 음식이기도 하다.

  예로부터 '김치만 있으면 반 양식은 준비되었다'는 말이 있다. 김치
만 있으면 반찬 걱정을 하지 않아도 좋을 만큼 든든한 양식이란 뜻이

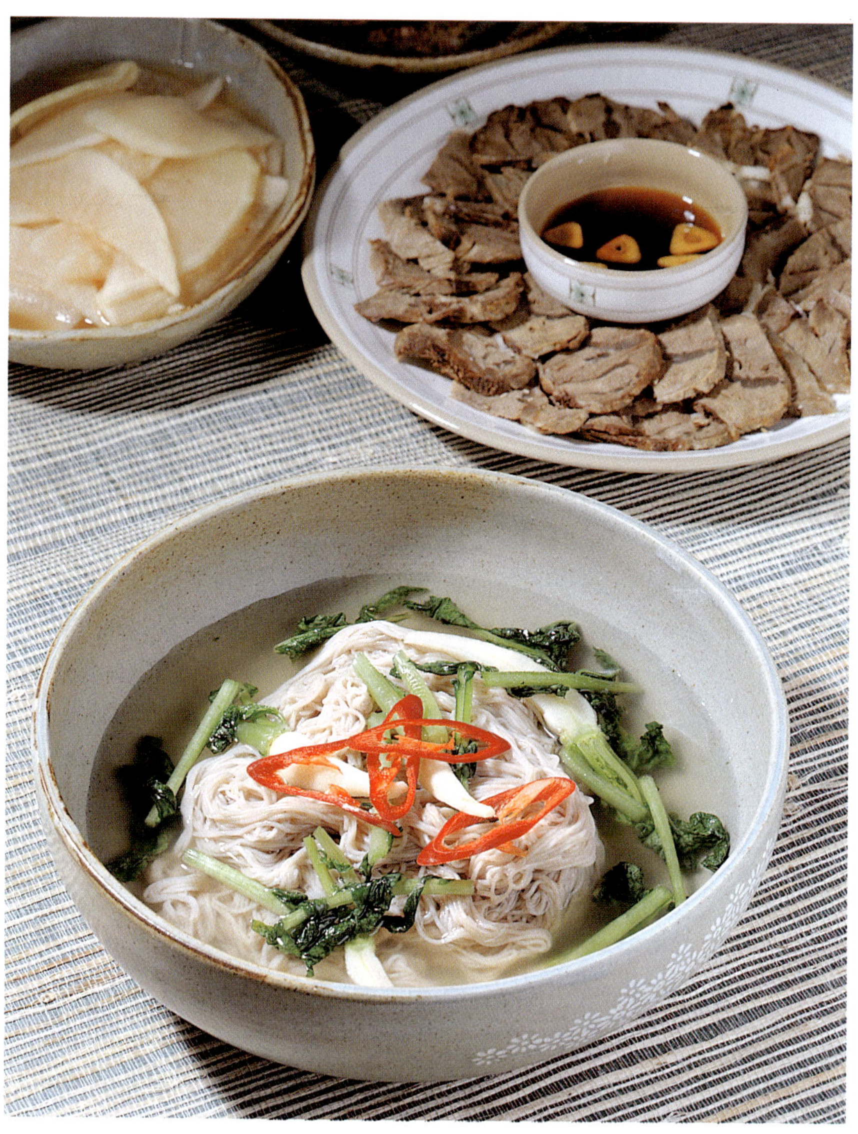

김치냉면 김치가 얼 정도로 추운 겨울 차가운 동치미 국물에 말아먹는 냉면 한 그릇, 더운 여름에 시원한 열무김치 국물에 말아먹는 냉면은 별미 중의 별미이다.

다. 다양한 재료, 갖가지 담그는 법, 독특한 맛을 내는 최고의 반찬인 김치는 다양하게 우리들의 입맛을 돋우는 구실을 한다.

김치냉면

재료 메밀국수, 양지머리, 배, 오이, 붉은 고추, 열무김치, 식초, 겨자, 달걀.

만드는 법 양지머리는 물을 많이 붓고 푹 끓여 베 보자기에 싸서 눌러 둔다. 달걀은 삶아서 썰고 배와 오이는 채로 썰며 붉은 고추는 어슷 썬다. 냉면 사리는 삶아서 찬물에 헹궈 놓는다. 그릇에 냉면 사리를 담고 열무김치와 국물을 부은 다음 달걀, 오이, 배, 붉은 고추, 편육을 얹어 식초, 겨자와 함께 낸다.

김치볶음밥

재료 밥, 김치, 쇠고기, 파, 마늘, 깨소금, 참기름, 간장, 후춧가

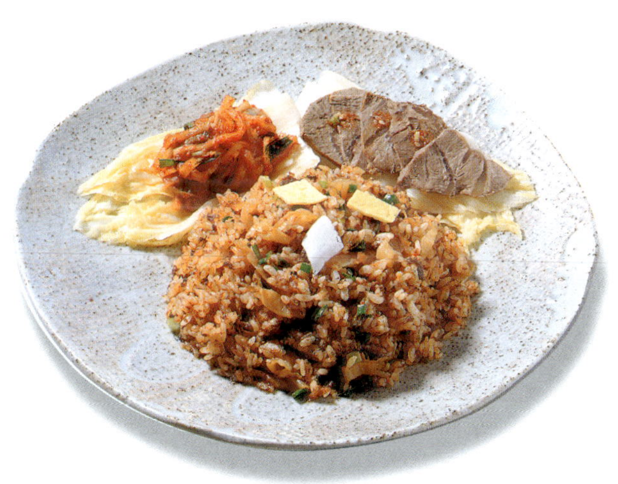

김치볶음밥 팬에 밥을 볶다가 쇠고기와 김치를 잘게 다져 넣고 볶아 접시에 담아 낸다.

루, 식용유.

만드는 법 쇠고기는 잘게 썰어 간장, 참기름, 깨, 다진 파, 마늘을 넣고 양념하여 볶는다. 팬에 밥을 볶다가 쇠고기, 잘게 썰어 꼭 짠 김치를 넣고 볶는다.

김치찌개

재료 배추김치, 돼지고기, 마늘 다진 것, 파 다진 것, 참기름, 깨소금, 후춧가루 약간, 간장, 대파.

만드는 법 김치는 소를 털어내고 잘게 썰어 놓는다. 돼지고기는 잘

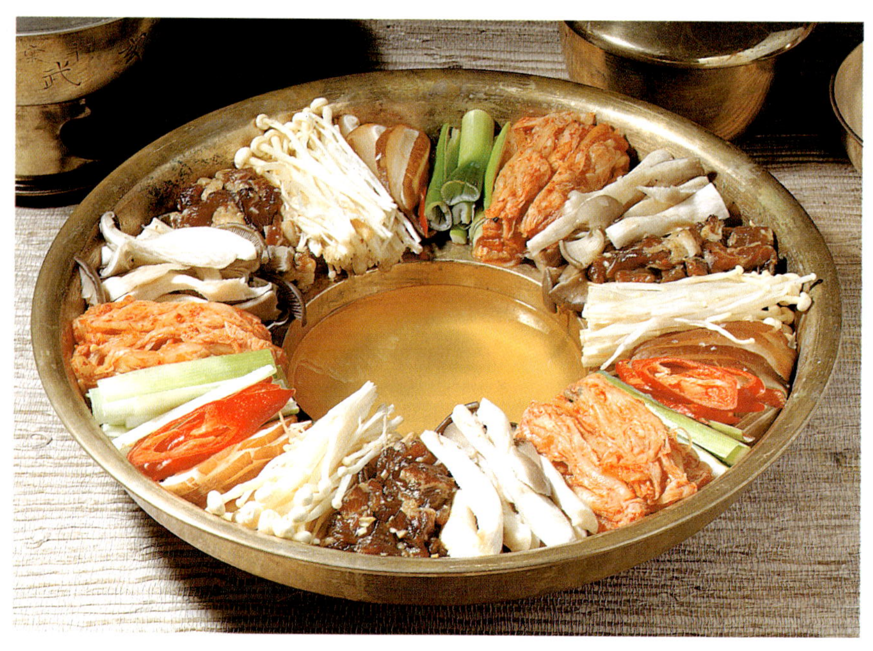

김치전골 소박한 김치찌개와는 달리 야채와 버섯, 육류 등을 같은 크기로 썰어 전골 틀에 올려 놓고 상 위에서 끓여 먹는 고급 요리이다.

게 썰고 마늘과 파, 참기름, 깨소금, 후춧가루, 간장으로 양념한다. 파
는 어슷썰기 한다. 냄비에 김치와 돼지고기를 넣고 물을 조금 넣고 끓
인다.

김치전(김치빈대떡)

재료 김치, 돼지고기, 실파, 밀가루, 달걀, 실고추, 간장, 마늘, 참
기름, 식용유.

만드는 법 돼지고기는 채 썰어 간장, 다진 마늘, 참기름을 넣어 양
념한다. 김치는 속을 털어내고 잘게 썰어 놓고 실파는 길게 썬다. 밀가
루를 소금, 달걀을 넣고 반죽하여 팬에 한 국자씩 떠 놓고 그 위에 김
치, 파, 실고추를 얹어 지져 낸다.

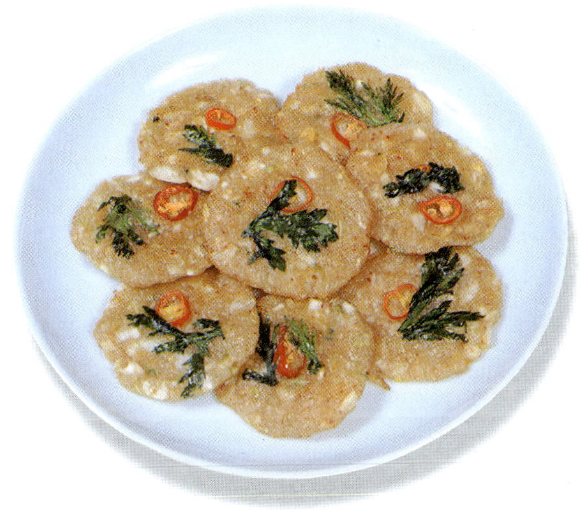

김치전 밀가루 반죽을 한 국자씩 떠 놓고 그 위에 소를 털어내고 다진 김치와 양념한 돼
지고기를 얹고 파와 실고추로 모양을 만들어 지져 낸다.

김치누름적

재료 김치, 쇠고기, 도라지, 표고버섯, 밀가루, 달걀, 식용유, 설탕, 참기름, 마늘. 양념장-간장, 깨소금, 잣, 후춧가루.

만드는 법 김치와 고기를 적당한 크기로 썰어 두고 표고도 불려서 같은 크기로 썰어 양념한다. 굵은 도라지도 끓는 물에 삶아 같은 길이로 썰어 양념한다. 꼬치에 준비한 재료를 꿰어 밀가루를 묻히고 달걀을 씌워 지진다.

김치감자전

재료 감자, 김치, 소금, 밀가루, 붉은 고추, 쑥갓, 식용유.

만드는 법 감자를 강판에 갈아 체로 물기를 짜고 전분을 없앤다. 붉은 고추는 동글동글하게 썬다. 김치는 잘게 썰어 물기를 없애고 준비된 감자와 밀가루를 섞어 주무른다. 소금으로 간한다. 팬에 얇게 펴고 위에 붉은 고추, 쑥갓으로 고명을 얹어 지진다.

김치만두

재료 밀가루, 김치, 표고버섯, 돼지고기, 쇠고기, 숙주나물, 참기름, 두부, 달걀, 파, 마늘, 소금.

만드는 법 밀가루를 체에 쳐서 달걀을 갠 물로 반죽한다. 다른 달걀은 얇게 지단으로 부친다. 돼지고기는 다지고, 숙주는 데쳐서 물기를 꼭 짠 후 다진다. 두부는 보자기에 싸서 물기를 짠다. 표고버섯은 물에 불려서 곱게 다지고 김치는 속을 털고 다져서 물기를 짠다. 파와 마늘도 다진다. 돼지고기는 재료와 섞어 소를 만들고 쇠고기는 채 썰어 맑은장국을 끓인다. 만두피는 얇게 밀고 준비된 만두소를 넣어 만두를 빚는다. 장국을 끓이다가 빚은 만두를 넣어 떠오르면 대접에 담고 지단 채친 것을 고명으로 얹어 낸다.

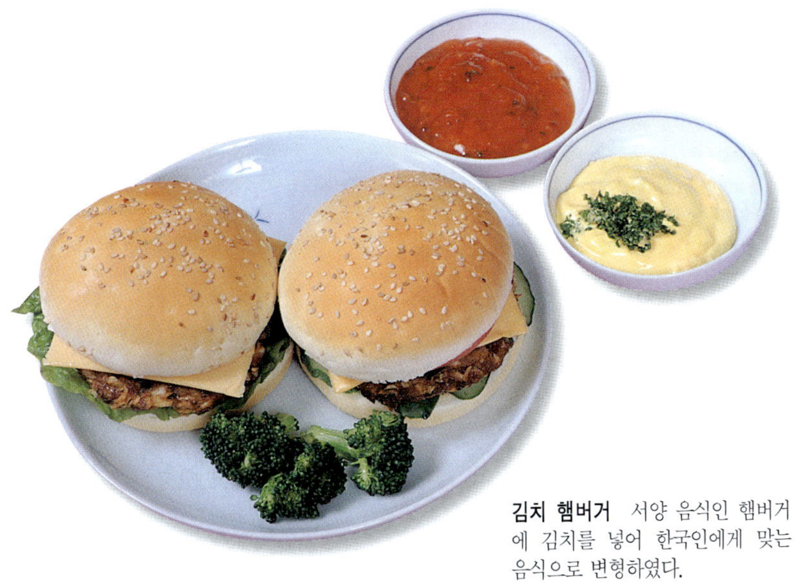

김치 햄버거 서양 음식인 햄버거에 김치를 넣어 한국인에게 맞는 음식으로 변형하였다.

김치 햄버거

재료 김치, 쇠고기, 빵가루, 우유, 소금, 후추, 참기름, 설탕, 식용유.

만드는 법 곱게 다진 쇠고기에 소금, 후추, 참기름, 설탕을 넣고 주무르고 김치는 잘게 썬다. 양념 쇠고기에 김치를 넣고 잘 섞은 후 빵가루와 우유를 섞은 것과 함께 주무른다. 쇠고기, 김치 섞은 것을 적당한 크기로 동글납작하게 구워서 빵 사이에 끼운다.

김치 크로켓

재료 돼지고기, 김치, 설탕, 빵가루, 참기름, 감자, 계란, 밀가루, 빵가루, 달걀, 식용유.

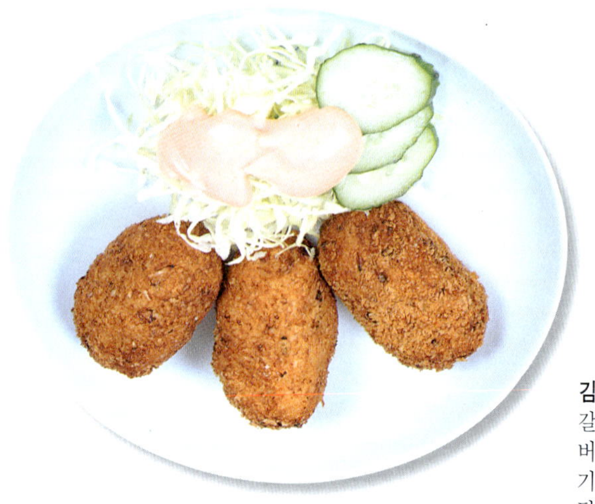

김치 크로켓 돼지고기를 갈아 으깬 감자에 김치를 버무린 다음 튀김옷을 입혀 기름에 튀겨낸 간식으로 적당한 요리이다.

만드는 법 돼지고기는 갈아서 소금, 참기름, 설탕, 후춧가루로 간하여 볶는다. 감자는 쪄서 으깬 다음 빵가루를 넣고 섞은 후 김치와 버무려 삶은 달걀의 노른자는 으깨고 흰자는 곱게 다져서 함께 넣는다. 둥글게 빚어서 튀김옷을 입힌 후 165~170도의 식용유에 두 번 튀겨낸다.

맺음말

    김치는 한국인이 가장 즐겨 먹는 음식이다. 우리 식문화에서 그 어떤 음식도 김치를 대신할 수 없다. 김치가 곁들여지지 않은 밥상을 생각할 수 없고 아무리 잘 차린 음식상이라도 김치가 구비되지 않았다면 그 상은 격식을 갖추었다고 할 수 없다.

    김치는 쌀과 함께 한국인의 가장 기본적인 양식이다. 밥과 김치만 있다면 더 이상의 것은 없어도 그만이다. 그만큼 김치는 된장, 고추장과 더불어 가장 한국적인 맛을 풍기는 전통 음식이다. 이러한 김치는 역사가 오래일 뿐 아니라 김치를 담그는 기술도 다양하다. 최근 김치의 항암 효과 등이 밝혀지면서 많은 연구가 이루어지고 있으며, 한국인뿐만 아니라 세계인의 미각을 돋우는 음식으로 각광받고 있다.

    알려진 김치의 종류만도 100여 종에 이르나 종류를 헤아린다는 것 자체가 무의미한 일이다. 왜냐하면 한국 여인들은 무엇이나 김치로 담그기 때문이다. 그러므로 종류를 따진다는 것은 큰 의미가 없다. 산나물, 들나물, 재배 채소 등은 물론 심지어는 어패류, 해조류로도 김치를 담갔다. 또 숙성 기간에 따라서도 담가서 금방 먹는 김치, 푹 익혀서 먹는 김치 등 다양한 종류가 있다.

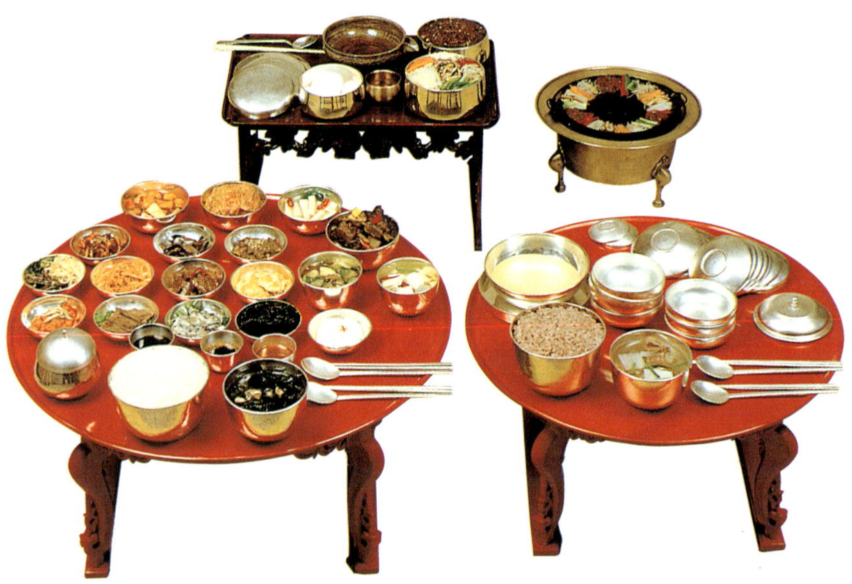

수라상에 놓인 김치　음식이면서 예술의 경지까지 도달한 김치는 우리의 훌륭한 문화 유산이다. 소박한 서민의 밥상에서 임금님의 수라상에까지 빠지지 않았던 김치는 이제 세계인의 음식이다.

김치의 용도 또한 다양하다. 단순히 밥과 함께 먹는 반찬이라는 용도 외에도, 그때그때 음식을 먹을 때마다 특유한 맛을 내는 다양한 종류의 김치를 곁들여 먹어야 비로소 음식의 맛은 완성된다. 예를 들어 고구마를 먹을 때 김치가 곁들여져야 하며, 떡을 먹을 때도 마찬가지로 물김치가 따라 나와야 제격이다. 또 술 취한 사람의 술을 깨울 때도 물김치가 사용되었고 머리가 아프고 가슴이 답답할 적에 뒤뜰에 묻어 둔 독에서 얼음을 깨고 떠 온 동치미를 마시면 가슴이 탁 트이기도 한다.

긴 겨울을 나는 동안 땅속에 묻어 잘 익힌 김장 김치가 있는 한 반찬 걱정은 하지 않아도 좋았다. 김치는 그 자체로도 물론 훌륭한 반찬이지만 다양하게 요리도 한다. 김치찌개를 비롯하여 김치볶음, 김치전, 김치밥, 김치빈대떡, 김치김밥 등 나열하기 어려울 정도이다.

김치는 또 여인들의 음식 솜씨를 가늠하는 척도로 사용되기도 하였다. 이름있는 가문의 며느리가 되려면 12가지 김치를 담글 줄 알아야 한다는 속담이 있다. 김치 담그는 솜씨 하나로 음식 솜씨를 가늠할 정도였다. 그래서 여인들은 여러 가지 김치 담그는 법을 익히기 위하여 애썼다.

독특한 발효 음식인 김치가 개발된 배경은 추운 겨울을 지내야 하는 우리나라의 자연 환경에서 비롯되었다. 한국인에게 김치는 겨우내 부족하기 쉬운 비타민 C를 보충하는 귀중한 음식이었다. 더욱이 김치는 채소의 신선미, 발효 과정에서 발생한 유기산의 청량미와 젖산균의 정장 작용(整腸作用) 등 여러 가지 효과를 가지고 있어 더욱 애용되었다. 특히 고추가 유입된 이후 김치에 매운맛과 색으로 또 다른 시각적 맛을 더하게 되었다. 그리고 그보다 김치의 산패를 방지하여, 맛깔스런 삭은 맛(醱酵味)과 날채소를 씹는 듯한 사각사각한 신선미(조직감)를 유지하는 데 큰 역할을 하게 되었다.

김치의 중요한 가치는 그것이 단순한 채소 음식이 아니라는 것이다. '김치' 하면 언뜻 채소류를 떠올리지만 이외에도 들어가는 것이 많다. 우선 꼭 들어가는 것이 젓갈류이다. 새우젓, 멸치젓은 기본이고 갈치, 오징어, 동태 등의 해물이 필수적으로 첨가된다. 또 김치가 숙성하는 데 주된 역할을 하는 젖산균이 있다. 이러한 성분이 어우러져서 김치의 독보적 가치를 만들어낸다. 김치는 식물성 재료와 동물성 재료를 가장 이상적인 상태로 변화시킨 혼성 식품이라는 것이다. 곧 어패류와 채소류를 절충시켜 식품 문화의 한 경지를 이룬 신비의 음식인 것이다.

김치는 우리만이 가지고 있는 민족 정서를 나타낸다. 고춧가루로 김치를 붉게 물들이기 전에도 자주색 갓이나 맨드라미, 잇꽃 등 식물 염료로 붉은색을 냈다. 우리나라 사람들이 유난히 붉은색에 의미를 두는 것은 이미 알려진 사실이다. 이는 장독대에 붉은 맨드라미를 심어 장독대를 침범하려는 귀신의 기운을 쫓는 주술이나 동짓날에 붉은 팥죽을 뿌려 잡귀를 물리치는 것에서도 나타난다. 옛날에 맨드라미의 꽃을 넣어 김치의 붉은빛을 낸 것도 이러한 민족 정서의 한 면모를 보여 주는 것이다.

김치는 단순한 음식 이상의 가치를 갖고 있는 고유 문화이다. 김치는 우리의 모든 음식 문화의 비밀을, 나아가 민족의 정서까지 담고 있다. 음식이면서 예술의 경지에까지 도달한 김치는 우리의 훌륭한 문화 유산이다. 민족간, 국가간의 벽이 없어져 가는 지금, 세계에 내놓을 우리만의 독특한 음식이 필요한 시점에서 다른 어떤 것보다도 우리 민족의 특성을 잘 알릴 수 있는 것은 김치이다. 우리 역사 이래 민족과 함께 해온 전통적 음식이면서도 현대에 이르기까지 점점 새로운 방법으로 재창조되고 있으며 그 맛의 독특함이 세계 어디에서도 찾아볼 수 없는 우리만의 고유한 음식이기 때문이다.

김치를 먹는 나라들이 늘고 있다. 우리에게 김치 담그는 법을 배워간 일본도 김치의 본고장인 우리에 앞서 김치를 상품화하였다. 그러나 우리의 김치가 더 이상 일본의 절임류(漬物, 즈게모노)와 혼동되어 알려져서는 안 되겠다. 합리적이고 과학적인 우리 음식 김치를 세계적인 건강 식품으로 키워 가려는 노력이 필요하다. 다행히 이제는 브리태니커백과사전에도 'KIMCHI'로 실리게 되었다. 지금까지 일본의 기무치로 알려진 것을 우리의 '김치'로 바로잡아야 한다. 그러기 위해서는 정부뿐 아니라 학계, 생산업자, 무엇보다도 소비자가 나서서 김치를 자랑스럽게 생각하고 세계에 널리 알려 맥도널드나 콜라 같은 세계화된 상품으로 만들어야겠다.

담그는 법이 나와 있는 김치 찾아보기

가지김치	121	석류김치	103
갓김치	115	섞박지	91
고들빼기김치	116	수삼나박지	113
굴김치	110	숙쌈김치	108
굴깍두기	106	순무김치	104
깍두기	91	쌈김치	87
깻잎김치	119	쑥갓김치	119
깻잎말이김치	125	씀바귀김치	119
꿩김치(생치김치)	128	알타리동치미	100
나박김치	98	양배추깻잎물김치	122
노각김치	119	얼갈이배추김치	101
닭김치	127	열무감자물김치	108
돌나물김치	122	열무김치	97
동치미	97	오이김치	116
무오가리김치(무말랭이김치)	104	오이소박이	93
무채김치	104	오이지	125
무청김치	106	장김치	111
미나리김치	121	전복김치	126
박김치	122	죽순김치	125
배추겉절이	100	총각김치	90
배추김치	83	콩나물김치	125
백김치	89	톳김치	120
부추김치	93	파김치	112
비늘김치	102	파래김치	120
비늘깍두기	107	풋고추김치	112
비지미	103	해물깍두기	107

참고 문헌

『고려사』『국조오례의』『세종실록』『시의전서』『두시언해』『훈몽자회』
『임원십육지』『증보산림경제』『동국세시기』「농가월령가」
일연 저, 김용옥 역, 『삼국유사 인득(引得)』, 통나무, 1992.
일연 저, 이민수 역, 『삼국유사』, 을유문화사, 1992.
김부식 저, 이민수 역, 『삼국사기』, 을유문화사, 1992.
서긍, 『국역 고려도경』, 민족문화추진위원회, 1977.
이규보, 『동국이상국집』, 고전간행회, 1958.
안동 장씨 저, 황혜성 역, 『음식디미방(규곤시의방)』, 1980.
빙허각 이씨 원저, 정양완 역, 『규합총서』, 보진재, 1987.
가사협 원저, 윤서석 외 옮김, 『제민요술』, 민음사, 1993.
필독문학작품선정위원회 편, 『필독 한국대표고전 춘향전』, 진문출판사,
        1983.

강인희, 『한국식생활사』, 삼영사, 1991.
─────, 『한국의 맛』, 대한교과서주식회사, 1987.
강인희·이경복, 『한국 식생활 풍속』, 삼영사, 1984.
김상순, 『한국전통식품의 과학적 고찰』, 숙명여자대학교출판부, 1985.
김치연구회 편, 『김치 과학과 산업』 1(창간호), 김치연구회, 1992.
농수산물유통공사 편, 『일본의 김치시장』, 농수산물유통공사, 1995.
방신영, 『조선요리제법』, 한성도서출판주식회사, 1934.
윤서석, 『한국식품사 연구』, 신광출판사, 1990.
이서래, 『한국의 발효식품』, 이화여자대학교출판부, 1992.
이성우, 『한국식품문화사』, 교문사, 1988.

이성우, 『고대 한국식생활사 연구』, 향문사, 1990.

이용기, 『조선무쌍신식요리제법』, 영창서관, 1943.

이철호 외, 『한국의 수산 발효식품』, 유림문화사, 1987.

장지현, 『한국전래발효식품사』, 수학사, 1989.

주영하, 『김치, 한국인의 먹거리』, 공간, 1994.

최홍식, 『한국인의 생명, 김치』, 밀알, 1995.

한국식품개발연구원 편, 기술신서 제2집 『김치의 과학기술』, 한국식품
　　　　개발연구원, 1990.

황혜성, 『한국요리백과사전』, 삼중당, 1976.

황혜성 외, 『한국의 전통음식』, 교문사, 1992.

박건영·최홍식, 「김치의 니트로사인」, 『한국영양식량학회지』 21, 1992.
　　─────, 「김치의 항돌연변이 및 항암성」, 한국식품과학회심포
　　　　지움발표논문집, 「김치의 과학」, 한국식품과학회, 1994.

윤서석, 「정창원 고문서에서 유추한 한국 고대의 장류와 채소절임」,
　　　　『가정문화총서』 1, 중앙대학교, 1987.

이종의, 「우리나라 상용김치의 지역성 고찰」, 『이화여자대학교100주년
　　　　기념논총』, 이화여자대학교 가정대학, 1990.

이춘녕·조재선, 「김치 제조 및 연구사」, 『한국음식문화논총』 2, 한국
　　　　음식문화연구원, 1988.

조백현, 「저채고(菹菜考)」, 『수원 농학회보』, 서울농대, 1938.

조재선·황성연, 「김치류 및 절임류의 표준화에 관한 조사 연구」 2,
　　　　『한국식문화학회지』 3, 1988.

빛깔있는 책들 201-11

김치

초판 1쇄 발행 | 1998년 7월 20일
초판 5쇄 발행 | 2007년 6월 30일
재판 1쇄 발행 | 2014년 1월 29일

글 | 이춘자, 김귀영, 박혜원
사진 | 배병석

발 행 인 | 김남석
편 집 이 사 | 김정옥
편집디자인 | 임세희
전   무 | 정만성
영 업 부 장 | 이현석

발행처 | (주)대원사
주   소 | 135-945 서울시 강남구 양재대로 55길 37, 302(일원동 대도빌딩)
전   화 | (02)757-6717~6719
팩시밀리 | (02)775-8043
등록번호 | 등록 제3-191호
홈페이지 | www.daewonsa.co.kr

이 책에 실린 글과 사진은 저자와 주식회사 대원사의
동의 없이는 아무도 이용하실 수 없습니다.

값 8,500원

ⓒ Daewonsa Publishing Co., Ltd.
　　Printed In Korea (1998)

ISBN 978-89-369-0215-5

잘못 만들어진 책은 바꾸어 드립니다.

빛깔있는 책들

민속(분류번호:101)

1 짚문화	2 유기	3 소반	4 민속놀이(개정판)	5 전통 매듭
6 전통 자수	7 복식	8 팔도 굿	9 제주 성읍 마을	10 조상 제례
11 한국의 배	12 한국의 춤	13 전통 부채	14 우리 옛 악기	15 솟대
16 전통 상례	17 농기구	18 옛 다리	19 장승과 벅수	106 옹기
111 풀문화	112 한국의 무속	120 탈춤	121 동신당	129 안동 하회 마을
140 풍수지리	149 탈	158 서낭당	159 전통 목가구	165 전통 문양
169 옛 안경과 안경집	187 종이 공예 문화	195 한국의 부엌	201 전통 옷감	209 한국의 화폐
210 한국의 풍어제	270 한국의 벽사부적			

고미술(분류번호:102)

20 한옥의 조형	21 꽃담	22 문방사우	23 고인쇄	24 수원 화성
25 한국의 정자	26 벼루	27 조선 기와	28 안압지	29 한국의 옛 조경
30 전각	31 분청사기	32 창덕궁	33 장석과 자물쇠	34 종묘와 사직
35 비원	36 옛책	37 고분	38 서양 고지도와 한국	39 단청
102 창경궁	103 한국의 누	104 조선 백자	107 한국의 궁궐	108 덕수궁
109 한국의 성곽	113 한국의 서원	116 토우	122 옛기와	125 고분 유물
136 석등	147 민화	152 북한산성	164 풍속화(하나)	167 궁중 유물(하나)
168 궁중 유물(둘)	176 전통 과학 건축	177 풍속화(둘)	198 옛 궁궐 그림	200 고려 청자
216 산신도	219 경복궁	222 서원 건축	225 한국의 암각화	226 우리 옛 도자기
227 옛 전돌	229 우리 옛 질그릇	232 소쇄원	235 한국의 향교	239 청동기 문화
243 한국의 황제	245 한국의 읍성	248 전통 장신구	250 전통 남자 장신구	258 별전
259 나전공예				

불교 문화(분류번호:103)

40 불상	41 사원 건축	42 범종	43 석불	44 옛절터
45 경주 남산(하나)	46 경주 남산(둘)	47 석탑	48 사리구	49 요사채
50 불화	51 괘불	52 신장상	53 보살상	54 사경
55 불교 목공예	56 부도	57 불화 그리기	58 고승 진영	59 미륵불
101 마애불	110 통도사	117 영산재	119 지옥도	123 산사의 하루
124 반가사유상	127 불국사	132 금동불	135 만다라	145 해인사
150 송광사	154 범어사	155 대흥사	156 법주사	157 운주사
171 부석사	178 철불	180 불교 의식구	220 전탑	221 마곡사
230 갑사와 동학사	236 선암사	237 금산사	240 수덕사	241 화엄사
244 다비와 사리	249 선운사	255 한국의 가사	272 청평사	

음식 일반(분류번호:201)

60 전통 음식	61 팔도 음식	62 떡과 과자	63 겨울 음식	64 봄가을 음식
65 여름 음식	66 명절 음식	166 궁중음식과 서울음식		207 통과 의례 음식
214 제주도 음식	215 김치	253 장醬	273 밑반찬	

건강 식품(분류번호 : 202)

105 민간 요법   181 전통 건강 음료

즐거운 생활(분류번호 : 203)

67 다도   68 서예   69 도예   70 동양란 가꾸기   71 분재
72 수석   73 칵테일   74 인테리어 디자인   75 낚시   76 봄가을 한복
77 겨울 한복   78 여름 한복   79 집 꾸미기   80 방과 부엌 꾸미기   81 거실 꾸미기
82 색지 공예   83 신비의 우주   84 실내 원예   85 오디오   114 관상학
115 수상학   134 애견 기르기   138 한국 춘란 가꾸기   139 사진 입문   172 현대 무용 감상법
179 오페라 감상법   192 연극 감상법   193 발레 감상법   205 쪽물들이기   211 뮤지컬 감상법
213 풍경 사진 입문   223 서양 고전음악 감상법   251 와인   254 전통주
269 커피   274 보석과 주얼리

건강 생활(분류번호 : 204)

86 요가   87 볼링   88 골프   89 생활 체조   90 5분 체조
91 기공   92 태극권   133 단전 호흡   162 택견   199 태권도
247 씨름

한국의 자연(분류번호 : 301)

93 집에서 기르는 야생화   94 약이 되는 야생초   95 약용 식물   96 한국의 동굴
97 한국의 텃새   98 한국의 철새   99 한강   100 한국의 곤충   118 고산 식물
126 한국의 호수   128 민물고기   137 야생 동물   141 북한산   142 지리산
143 한라산   144 설악산   151 한국의 토종개   153 강화도   173 속리산
174 울릉도   175 소나무   182 독도   183 오대산   184 한국의 자생란
186 계룡산   188 쉽게 구할 수 있는 염료 식물   189 한국의 외래 · 귀화 식물
190 백두산   197 화석   202 월출산   203 해양 생물   206 한국의 버섯
208 한국의 약수   212 주왕산   217 홍도와 흑산도   218 한국의 갯벌   224 한국의 나비
233 동강   234 대나무   238 한국의 샘물   246 백두고원   256 거문도와 백도
257 거제도

미술 일반(분류번호 : 401)

130 한국화 감상법   131 서양화 감상법   146 문자도   148 추상화 감상법   160 중국화 감상법
161 행위 예술 감상법   163 민화 그리기   170 설치 미술 감상법   185 판화 감상법
191 근대 수묵 채색화 감상법   194 옛 그림 감상법   196 근대 유화 감상법   204 무대 미술 감상법
228 서예 감상법   231 일본화 감상법   242 사군자 감상법   271 조각 감상법

역사(분류번호 : 501)

252 신문   260 부여 장정마을   261 연기 솔올마을   262 태안 개미목마을   263 아산 외암마을
264 보령 원산도   265 당진 합덕마을   266 금산 불이마을   267 논산 병사마을   268 홍성 독배마을
275 만화